中等职业教育教材

样品的常规仪器分析

黄凌凌　胡蕊　主编

YANGPIN DE
CHANGGUI YIQI FENXI

化学工业出版社
·北京·

内 容 简 介

本书为工业分析与检验专业（群）核心课程教材，按照当前职业教育"基于工作过程为导向"的课程改革理念进行编写，包括六个学习任务，涉及水质检测、化工产品分析和食品检验的常规项目，以及有机合成基础与折射率的测定。通过明确任务、获取信息、制订与审核计划、实施计划、检查与改进、评价与反馈等形式促进学生综合职业能力的培养。本书涵盖了仪器分析中电位分析法和紫外-可见吸收光谱法的基础知识和操作技能，并渗透企业的工作元素和世界技能大赛的 HSE 管理理念，图文并茂、产教融合，有利于学生更好地学习和掌握相应的技能和知识。同时积极推进课程思政，培养学生的职业素养，提高学生的思想品德。

本书适用于中等职业学校分析检验技术、环境监测技术和药品食品检验等专业在校生的教学，也可作为分析检验工作人员的培训教材。

图书在版编目（CIP）数据

样品的常规仪器分析／黄凌凌，胡蕊主编．—北京：
化学工业出版社，2022.10
ISBN 978-7-122-41984-2

Ⅰ.①样… Ⅱ.①黄… ②胡… Ⅲ.①仪器分析
Ⅳ.①O657

中国版本图书馆 CIP 数据核字（2022）第 146488 号

责任编辑：刘心怡　　　　　　　　　　文字编辑：邢苗苗　刘　璐
责任校对：边　涛　　　　　　　　　　装帧设计：王晓宇

出版发行：化学工业出版社（北京市东城区青年湖南街 13 号　邮政编码 100011）
印　　装：三河市延风印装有限公司
787mm×1092mm　1/16　印张 13¾　字数 252 千字　2023 年 3 月北京第 1 版第 1 次印刷

购书咨询：010-64518888　　　　　　　　　　售后服务：010-64518899
网　　址：http://www.cip.com.cn
凡购买本书，如有缺损质量问题，本社销售中心负责调换。

定　　价：40.00 元　　　　　　　　　　　　　　　　　　版权所有　违者必究

前言
PREFACE

本书的编写源于广西职业教育"工业分析与检验专业（群）发展研究基地"建设项目，目的是探索具有广西特色的人才培养模式，实现专业群资源共享，开发"基于工作过程为导向"的专业核心课程一体化教学工作页，并在区内其他职业院校推广工作页教学。

近年来，广西北部湾经济区北钦防石化产业快速发展，工业园区环保监测工作日益受到重视，东盟进出口产品贸易量不断增加，第三方检测机构快速增长。基于以上因素，本着课程、师资、实训基地共建共享的原则，本书编写团队开发了同时适用于工业分析与检验、环境监测和食品检验等专业的核心课程教材。本书按企业真实工作任务设计教学环节和内容，同时兼顾相关理论知识和操作技能的系统学习，并融入世界技能大赛化学实验室技术赛项和国赛工业分析检验赛项的相关理念和标准。具体有以下特点：

（1）参照完整工作过程，按"做什么→如何做→尝试做→如何做好→做得好"的思路设计各学习任务。检测对象包括饮用水、工业废水、化工产品及食品，检验方法涉及直接电位法、电位滴定法、可见分光光度法和紫外分光光度法。

（2）在本课程之前，学生已学习过《样品的滴定分析》，具备一定的分析化学基础知识和基本操作技能。本书根据学生的认知规律，先学习完成任务所需的相关专业知识和基本技能（附操作视频二维码），以此指导工作任务的实施，获得感性认识后，再进一步学习相对系统的理论知识，更有利于学生对专业知识和技能的理解与应用。

（3）通过任务描述，让学生了解企业化学检验员岗位的主要工作过程和相关的劳动组织关系。结合企业任务委托单的识读、实验数据原始记录表的填写和检验报告的编制等，培养学生公平公正、准确及时、严谨求实的职业素养。

（4）通过实验方案的制订与评审、工作过程的自查与互查、实验结果的评价等方式，培养学生语言表达、沟通协作、分析问题和解决问题的能力。通过多环节、多主体的评价模式，促进每个学生的全面发展。

（5）在全面推进课程思政背景下，本书结合教学内容和活动环节，深入、广泛地挖掘其中蕴含的思想政治教育元素，从古语劝学、家国情怀、奉献行业、职业素养、工匠精神、价值观等思政方向收集素材，以文字或音视频（附二维码）的方式将思政内容"植入"专业课教材。广西工业技师学院莫创才、黄凌凌、胡蕊、江宁、覃思、赵凤春、沈豆子、陈思羽、张袁，广西轻工技师学院周丽东参与了思政素材的收集和编写；张袁和沈豆子负责音视频录制。

本书由广西工业技师学院黄凌凌、胡蕊任主编，河南化工技师学院贺攀科任副主编，广西工业技师学院莫创才主审。黄凌凌编写绪论、学习任务一至学习任务四的活动一至活动六、附录；胡蕊编写学习任务一至学习任务四的活动七、练习题和阅读材料，以及拓展学习任务；贺攀科编写学习任务五。全书由黄凌凌设计、修改和统稿。

本书在编写过程中得到学院领导和同行，以及上海华谊能源化工有限公司、广西益谱检测技术有限公司等企业专家的支持与帮助，在此一并表示衷心的感谢。

由于编者水平有限，书中难免有疏漏和不妥之处，恳请同行与读者批评指正。

编 者

2022 年 9 月

目录
CONTENTS

绪论 / 001

学习任务一　生活饮用水 pH 的测定　/ 006

任务描述 / 006　　**任务目标** / 007

活动一　明确任务　/ 007
活动二　获取信息　/ 009
活动三　制订与审核计划　/ 016
活动四　实施计划　/ 020
活动五　检查与改进　/ 023
活动六　评价与反馈　/ 026
活动七　拓展专业知识　/ 029
练习题　/ 031
阅读材料　/ 032

学习任务二　工业废水中氟化物含量的测定　/ 034

任务描述 / 034　　**任务目标** / 035

活动一　明确任务　/ 035
活动二　获取信息　/ 037
活动三　制订与审核计划　/ 042
活动四　实施计划　/ 047
活动五　检查与改进　/ 050
活动六　评价与反馈　/ 053
活动七　拓展专业知识　/ 056
练习题　/ 059
阅读材料　/ 060

学习任务三　酱油中氨基酸态氮的测定　/ 062

任务描述 / 062　　**任务目标** / 063

活动一　明确任务　/ 063
活动二　获取信息　/ 066
活动三　制订与审核计划　/ 072
活动四　实施计划　/ 076
活动五　检查与改进　/ 079

活动六　评价与反馈　/ 081
活动七　拓展专业知识　/ 083
练习题　/ 089
阅读材料　/ 090

学习任务四　工业盐酸中铁含量的测定　/ 092
任务描述　/ 092　　**任务目标**　/ 093

活动一　明确任务　/ 094
活动二　获取信息　/ 096
活动三　制订与审核计划　/ 107
活动四　实施计划　/ 112
活动五　检查与改进　/ 115
活动六　评价与反馈　/ 118
活动七　拓展专业知识　/ 120
练习题　/ 125
阅读材料　/ 127

学习任务五　水中硝酸盐氮含量的测定　/ 129
任务描述　/ 129　　**任务目标**　/ 129

活动一　明确任务　/ 130
活动二　获取信息　/ 133
活动三　制订与审核计划　/ 139
活动四　实施计划　/ 144
活动五　检查与改进　/ 149
活动六　评价与反馈　/ 152
活动七　拓展专业知识　/ 155
练习题　/ 165
阅读材料　/ 167

拓展学习任务　乙酸乙酯的合成与折射率的测定　/ 169
任务描述　/ 169　　**任务目标**　/ 169

活动一　明确任务　/ 170
活动二　获取信息　/ 172

活动三　制订与审核计划　/179
活动四　实施计划　/183
活动五　检查与改进　/187
活动六　评价与反馈　/190
活动七　拓展专业知识　/192
练习题　/195
阅读材料　/196

附　录　/199

附录一　常见元素的原子量　/199
附录二　常见化合物的分子量　/201
附录三　2020年全国职业院校技能大赛改革试点赛样题（中职组）　/204
附录四　第46届世界技能大赛全国选拔赛样题　/207

参考文献　/212

绪 论

❓ 想一想

① 分析化学按测定原理和操作方法不同可分为化学分析和仪器分析。什么是化学分析？什么是仪器分析？它们各有何特点？

② 通过"样品的滴定分析"课程的学习，可知用滴定分析法可以测定水的总硬度和水中氯化物的含量。那么水的酸碱度、水中微量的铁能用滴定分析法测定吗？为什么？

 相关知识

一、仪器分析与化学分析的区别与联系

分析化学（analytical chemistry）包括化学分析（chemical analysis）和仪器分析（instrumental analysis）。化学分析是利用化学反应及其计量关系来确定被测物质的组成和含量的一类分析方法，主要包括滴定分析法和称量分析法。仪器分析是基于物质的物理或物理化学性质而建立起来的一类分析方法，通常是通过测量光、电、磁、声、热等物理量而得到分析结果，而测量这些物理量，一般要使用比较特殊的仪器，因而称之为"仪器分析"。

化学分析历史悠久，是分析化学的基础，又称为经典分析。化学分析是绝对定量的，根据样品的量、反应产物的量或所消耗试剂的量及反应的化学计量关系，通过计算得出待测组分的含量。而仪器分析是相对定量的，一般根据标准工作曲线估计出来。仪器分析除了可用于定性和定量分析外，还可用于结构、价态、状态分析，微区和薄层色谱分析，微量及痕量分析等，是分析化学发展的方向。仪器分析与化学分析的区别不是绝对的，仪器分析是在化学分析基础

上发展起来的，其应用过程中大多涉及化学分析，如进行仪器分析前，通常需要用化学法对试样进行预处理（如富集、除去干扰物质等）；仪器分析相对定量时，所用的标准物质大多需要用化学分析进行准确含量的测定；进行复杂物质的分析时，仅仅依靠仪器分析方法是无法顺利进行的，通常要综合运用多种方法才能完成分析任务。总之，正如著名分析化学家梁树权先生所说的"化学分析和仪器分析同是分析化学两大支柱，两者唇齿相依，相辅相成，彼此相得益彰"。

二、仪器分析法的特点

1. 灵敏度高，检出限低

仪器分析法的检出限一般都在 10^{-6} 级～10^{-9} 级，有的甚至可达 10^{-12} 数量级。如原子吸收光谱法的检出限可达 10^{-9}（火焰原子化法）～10^{-12}（非火焰原子化法）g/L。因此，仪器分析适用于微量或痕量组分的分析，它对于超纯物质的分析、环境监测及生命科学研究等有着非常重要的意义。

2. 选择性好

许多仪器分析方法可以通过选择或调整测定条件，不经分离而同时测定混合物的组分，可适用于复杂物质的分析。

3. 样品用量少

测定时有时只需数微升或数毫克样品，甚至可用于样品无损分析。如 X 射线荧光分析法可以在不损坏样品的情况下进行分析，这对考古、文物分析等有特殊应用价值。

4. 应用范围广泛，能适应各种分析要求

除了用于定性、定量分析外，仪器分析还可以用于结构分析、价态分析、状态分析、微区和薄层分析、微量及痕量分析等，也可用于测定有关物理化学常数。

5. 易于实现自动化，操作简便快速

被测组分的浓度变化或物理性质变化能转变成某种电学参数（如电阻、电导、电位、电容、电流等），使分析仪器容易和计算机连接，实现自动化，从而简化操作过程。样品经预处理后，有时经数十秒到几分钟即可得到分析结果。如冶金部门用的光电直读光谱仪，在 1～2min 可同时测出钢铁试样中 20～30 种成分。

仪器分析用于成分分析仍有一定局限性：一是准确度不够高，通常相对误差在百分之几，一般不适合常量和高含量组分的分析；二是仪器设备复杂，价

格昂贵,特别是一些大型化精密仪器还不容易普及,推广使用受到一定限制。

三、仪器分析法的分类

仪器分析法包括的分析方法很多,目前有数十种之多。每一种分析方法所依据的原理不同,所测量的物理量不同,操作过程及应用情况也不同。为了便于学习和掌握,将部分常用的仪器分析法按其测量过程中所观测的物质特征性质进行分类,如表0-1所示。

表0-1 常用的仪器分析法分类

方法的分类	物质特征性质	相应的分析方法(部分)
光学分析法	辐射的发射	原子发射光谱法(AES)
	辐射的吸收	原子吸收光谱法(AAS)、红外吸收光谱法(IR)、紫外-可见吸收光谱法(UV-Vis)、核磁共振波谱法(NMR)、原子荧光光谱法(AFS)
	辐射的散射	浊度法、拉曼光谱法
	辐射的衍射	X射线衍射法、电子衍射法
电化学分析法	电导	电导法
	电流	电流滴定法
	电位	电位分析法
	电量	库仑分析法
	电流-电压特性	极谱法、伏安法
色谱分析法	两相间的分配	气相色谱法(GC)、高效液相色谱法(HPLC)、离子色谱法(IC)
其他分析法	质荷比	质谱法

四、仪器分析技术的发展趋势

20世纪20~30年代,分析化学已基本成熟,它不再是各种分析方法的简单堆砌,已经从经验上升到了理论认识阶段,建立了分析化学的基本理论,如分析化学中的滴定曲线、滴定误差、指示剂的作用原理、沉淀的生成和溶解等基本理论。仪器分析自20世纪30年代后期问世以来,不断丰富分析化学的内涵并使分析化学发生了一系列根本性的变化。

仪器分析是根据被测组分的某些物理或物理化学特性,如光学的、电学的性质,进行分析检测的方法,因此,它实际上已经超出了化学分析的范围和局限,成为生产和科学各个领域的工具。现代科学技术的发展、生产的需要和人民生活水平的提高对分析化学提出了新的要求,为了适应科学发展,仪器分析随之也将出现以下发展趋势。

(1) 方法创新 进一步提高仪器分析方法的灵敏度、选择性和准确度。各种选择性检测技术和多组分同时分析技术等是当前仪器分析研究的重要课题。

（2）分析仪器智能化　计算机在仪器分析法中不仅只运算分析结果，而且可以储存分析方法和标准数据，控制仪器的全部操作，实现分析操作自动化和智能化。

（3）新型动态分析检测和非破坏性检测　离线的分析检测不能瞬时、直接、准确地反映生产实际和生命环境的情景实况，不能及时控制生产、生态和生物过程。运用先进的技术和分析原理，研究并建立有效而适用的实时、在线和高灵敏度、高选择性的新型动态分析检测和非破坏性检测，将是21世纪仪器分析发展的主流。生物传感器和酶传感器、免疫传感器、DNA传感器、细胞传感器等不断涌现；纳米传感器的出现也为活体分析带来了机遇。

（4）多种方法的联合使用　仪器分析多种方法的联合使用可以使每种方法的优点得以发挥，每种方法的缺点得以补救。联用分析技术已成为当前仪器分析的重要发展方向。

（5）扩展时空多维信息　随着环境科学、宇宙科学、能源科学、生命科学、临床化学、生物医学等学科的兴起，现代仪器分析的发展已不局限于将待测组分分离出来进行表征和测量，而是成为一门为物质提供尽可能多的化学信息的科学。随着人们对客观物质认识的深入，探索某些过去所不甚熟悉的领域（如多维、不稳定和边界条件等）也逐渐提到日程上来。采用现代核磁共振波谱、质谱、红外吸收光谱等分析方法，可提供有机物分子的精细结构、空间排列构成及瞬态变化等信息，为人们对化学反应历程及生命的认识提供了重要基础。

（6）分析仪器微型化及微环境的表征与测定　包括微区分析、表面分析、固体表面和深度分布分析、生命科学中的活体分析和单细胞检测、化学中的催化与吸附研究等。仪器分析的微型化特别适于现场的快速分析。

总之，仪器分析正在向快速、准确、灵敏及适应特殊分析的方向迅速发展。

五、认识仪器分析实验室

仪器分析实验室分为精密仪器分析室与普通仪器分析室，主要功能是利用各种分析仪器对样品进行定性或定量分析。精密仪器主要有气相色谱仪、液相色谱仪、离子色谱仪、原子吸收光谱仪、原子荧光光谱仪、气相色谱-质谱联用仪（GC-MS）、液相色谱-质谱联用仪（LC-MS）、电感耦合等离子体质谱仪（ICP-MS）、ICP发射光谱仪等大型分析仪器，普通仪器主要有酸度计、分光光度计、红外光谱仪、毛细管电泳仪等小型分析仪器。

仪器分析实验室对室内的环境要求一般都比化学分析实验室高，要求防震、防尘、温度湿度恒定，因此需安装空调、远离振动源。仪器分析实验室的常用设备有仪器台、局部排风设备、电脑台、气瓶柜、资料柜、稳压电源、不间断供电电源、气体发生器、真空泵、空气压缩机等。精密仪器分析室的仪器台一般要求宽度800～1000mm，高760～840mm，长度按仪器长短而定，可采用L形或一字形，仪器台离墙要留出500～800mm的通道，根据需要设置电源插座、网络接口、气体出口等，如图0-1所示；普通仪器分析室的仪器台可按普通实验边台或中央台设计，需要提供足够的电源插座，仪器台需稳固，如图0-2所示。同类仪器尽量集中摆放，需要供气的仪器尽量靠近气瓶间，对于不需用水的仪器尽量远离水源。

图 0-1　精密仪器分析室

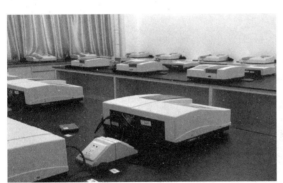 

图 0-2　普通仪器分析室

学习任务一　生活饮用水 pH 的测定

人类的生活离不开水，饮用水的质量直接影响人类的身体健康，近年来，人们对饮用水的 pH 愈发关注，许多媒体都宣称饮用碱性的水对健康有益。

pH 值是水溶液最重要的理化参数之一。凡涉及水溶液的自然现象、化学变化以及生产过程都与 pH 有关，因此，在工业、农业、医学、环保和科研领域都需要测量 pH 值。pH 也是生活用水水质检测中重要的参数之一，我国《生活饮用水卫生标准》将饮用水 pH 值定为 6.5~8.5。

无论是生活饮用水，还是工业生产和农业灌溉用水，在水处理过程中 pH 都是一项重要指标。水质 pH 过高将会导致溶解性盐类析出，使水的感官性状变坏，并且对混凝沉淀的效果、净水剂投量、加氯消毒效果以及除氯处理等都有较大影响，会降低氯制剂的消毒效果；相反如果 pH 过低，也就是酸性过强时，就会增加水对铁、铅等金属和二氧化碳的溶解能力，加剧对管道的腐蚀。

任务描述

某检测技术有限公司业务室接到石化学校委托的检测任务，委托方根据业务室提供的检测委托单填写样品信息。业务室审核确认实验室有该资质及能力分析此项目后，将委托单流转至检测室，由检测室主任审核批准同意分析该样品。业务室将样品交给样品管理员，样品管理员根据项目安排派发检测任务。理化检测室检验员根据检测任务分配单各自领取实验任务，按照样品检测分析标准进行分析。实验结束后两个工作日内，检验员对分析数据进行统计，交给检测室主任审核，数据没问题则流转到报告编制员手中编制报告，报告编制完成后流转到报告一审、二审人员，最后流转到报告签发人手中审核签发。

作为检验员的你，接到的任务是：按委托要求到采样现场进行水样的采集，尽快送回理化检测室完成水样 pH 的测定。如不能及时测定，需将水样保存在 0~4℃ 的环境中，并于 6h 内完成测定。请你按照 GB/T 5750.4—2006《生活饮

用水标准检验方法 感官性状和物理指标》要求，制订检测方案，完成分析检测，并出具检测报告。要求连续两个工作日对同一个采样点的水质进行检测，pH 测定结果的允许误差为±0.1，工作过程符合 7S（整理、整顿、清扫、清洁、素养、安全、节约）规范。

任务目标

完成本学习任务后，应当能够：
① 正确选择溶液 pH 的测定方法，并根据 pH 值的大小判断溶液的酸碱性；
② 按操作规程要求，正确进行酸度计的安装、自检、校准和测量操作；
③ 根据任务委托单要求，依据国家标准以小组为单位制订实验计划，在教师引导下进行可行性论证；
④ 服从组长分工，相互配合完成酸度计和电极的准备、标准缓冲溶液的配制等工作；
⑤ 按操作规范要求，独立完成水样的采集和 pH 的测定，并简述直接电位法的测定原理；
⑥ 判断检测结果是否符合要求，结果合格则出具检测报告；
⑦ 讲述该任务在 HSE（健康、安全与环境）方面的注意事项。

参考学时

24 学时

明确任务

一、识读任务委托单

任务名称	石化学校教学楼直饮水水质的检测		委托单编号	SH2136-02
检测性质	□监督性检测　□竣工验收检测　☑委托检测　□来样分析　□其他检测：			
委托单位:石化学校后勤科	地址：	联系人：	联系电话：	
受检单位:石化学校后勤科	地址：	联系人：	联系电话：	

续表

监测地点：石化大楼 8 楼				委托时间：	要求完成时间：	
	类别	序号	监测点位	检测/分析项目（采样依据）	检测频次	执行标准
检测工作内容	环境空气	1				—
	□废水 □污水 ☑地表水 □地下水	2	石化大楼 8 楼直饮水机	□色度　□浑浊度　□臭和味 □肉眼可见物　☑pH值　□电导率 □总硬度　□溶解性总固体 □挥发酚类　□阴离子合成洗涤剂 …… □其他（　　　　　） 采样依据：GB/T 5750.2—2006	连续监测 2 天，每天采样 1 次	GB/T 5750.4—2006
	环境噪声	3				—
任务下达	业务室签名：　　　　　　　　　　　　　　　　年　　月　　日					
质控措施	采样质控：□检测前、后校准仪器（□流量□标气□噪声）　□现场空白 　　　　　☑现场 10%平行样（明码）　□其他 室内分析质控：□加标　□10%平行双样　☑质控样　□其他 质量保障部签名：　　　　　　　　　　　　　年　　月　　日					
任务批准	注意事项： 检测室签名：　　　　　　　　　　　　　　　　年　　月　　日					
备注：						

二、列出任务要素

（1）检测对象_____　　（2）分析项目_____

（3）依据标准_____　　（4）检测频次_____

（5）检测性质_____　　（6）任务名称_____

小知识

① 采样计划：根据水质检验目的和任务制订采样计划，内容包括采样目的、检验指标、采样时间、采样地点、采样方法、采样频率、采样数量、采样容器与清洗、采样体积、样品保存方法、样品标签、现场测定项目、采样质量控制、运输工具和条件等。

② 测定一般理化指标时采样容器的选择和洗涤：一般使用聚乙烯细口瓶作容器，先用水和洗涤剂清洗，除去灰尘、油垢后用自来水冲洗干净，然后用质量分数 10%的硝酸或盐酸浸泡 8h，取出沥干后用自来水冲洗 3 次，并用蒸馏水

充分淋洗干净。

③ 末梢水的采集：末梢水是指出厂水经输水管网输送至终端处的水。采样前先用水样荡洗采样器、容器和塞子2～3次，然后采集3～5L水样用于一般理化指标的测定。未能及时检测的水样，一般需要冷藏保存，且保存时间不超过12h。

> **素质拓展阅读**
>
> **凿井者，起于三寸之坎，以就万仞之深。**
> ——[南北朝] 刘昼《刘子·崇学》
>
> 释义：凿井的人，从挖很浅的土坑开始，最后挖成万仞深井。
>
> 这句话用"凿井"启发我们要脚踏实地、笃行实干、坚持不懈，最终成就一番事业。李大钊同志曾感慨道："凡事都要脚踏实地去作，不驰于空想，不骛于虚声，而唯以求真的态度作踏实的工夫。以此态度求学，则真理可明，以此态度做事，则功业可就。"前人的谆谆教诲时刻告诉我们笃行实干的珍贵，勉励我们在人生道路上要足履实地、行稳致远。青年人要从现在做起、从自己做起，使社会主义核心价值观成为自己的基本遵循，并身体力行大力推广到全社会去。

获取信息

一、认识溶液的酸碱性与 pH 的关系

看一看

任何物质的水溶液中，都同时含有 H^+ 和 OH^-，氢离子浓度表示为 $c(H^+)$，氢氧根离子浓度表示为 $c(OH^-)$。溶液中 $c(H^+) > c(OH^-)$，则溶液呈酸性，氢离子浓度越大酸性越强；反之，$c(OH^-) > c(H^+)$ 时溶液呈碱性，氢氧根离子浓度越大碱性越强；若 $c(H^+) = c(OH^-)$，则溶液呈中性。为了更

方便地比较溶液的酸碱性强弱，1909年丹麦的一位化学家提出用pH来表示酸碱性的强弱，pH是氢离子浓度的负对数，即$pH=-\lg c(H^+)$；同理pOH是氢氧根离子浓度的负对数，即$pOH=-\lg c(OH^-)$。298K时，水溶液中$c(H^+)\cdot c(OH^-)$是定值，为10^{-14}，所以$pH+pOH=14$。一些常见物质的pH见表1-1。

表1-1 一些常见物质的pH

物质名称	pH	物质名称	pH
胃酸	2.0	牛奶	6.5
柠檬汁	2.4	纯水	7.0
可乐	2.5	健康人的唾液	6.5~7.4
食醋	2.9	血液	7.34~7.45
苹果汁	3.5	海水	8.0
啤酒	4.5	洗手皂	9.0~10.0
咖啡	5.0	家用氨水除垢剂	11.5
茶	5.5	漂白水	12.5
酸雨	<5.6	家用碱液	13.5
癌症病人唾液	4.5~5.7		

? 想一想

① 298K时，物质Ⅰ的水溶液中$c(H^+)$为10^{-5}mol/L，物质Ⅱ的水溶液中$c(H^+)$为10^{-7}mol/L，物质Ⅲ的水溶液中$c(H^+)$为10^{-11}mol/L，试计算三种溶液的pH，并判断溶液的酸碱性。

② 根据溶液的酸碱性，在下列横线处填写">""<"或"="。
酸性溶液，$c(H^+)$____$c(OH^-)$，$c(H^+)$____10^{-7}mol/L，pH____7。
中性溶液，$c(H^+)$____$c(OH^-)$，$c(H^+)$____10^{-7}mol/L，pH____7。
碱性溶液，$c(H^+)$____$c(OH^-)$，$c(H^+)$____10^{-7}mol/L，pH____7。

③ pH值是一个介于0~14之间的数字，补充完整水溶液的酸碱性强弱与pH的关系图。

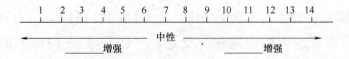

二、认识溶液 pH 的测定方法

 看一看

溶液的 pH 通常可以用酸碱指示剂、pH 试纸和酸度计来测定。

酸碱指示剂：在待测溶液中加入酸碱指示剂，根据溶液颜色的变化可以粗略判断溶液 pH 的大致范围。例如，酚酞指示剂（变色范围为 8.0~10.0）滴加到待测溶液中，溶液不变色（无色），则 pH 小于 8；溶液变为粉红色，则 pH 为 8~10；溶液变为玫红色，则 pH 大于 10。

pH 试纸：pH 试纸有广泛 pH 试纸和精密 pH 试纸，用玻璃棒蘸一点待测溶液到试纸上，然后根据试纸的颜色变化并对照标准比色卡（见图 1-1）就可以得到溶液的 pH 值。

(a) 广泛pH试纸

(b) 精密pH试纸

图 1-1 pH 试纸和标准比色卡

酸度计：又称为 pH 计，是一种测量溶液 pH 的仪器。在实际测量中，电极浸入待测溶液中，将溶液中的 H^+ 浓度转换成毫伏级电压信号，送入电计。电计将该信号放大，并经过对数转换为 pH 值，然后由毫伏级显示仪表显示出 pH 值，可以精确到小数点后两位。酸度计的类型主要分为笔式（迷你型）、便携式、台式，以及在线连续监控测量的在线式，如图 1-2 所示。

图 1-2 各种类型的酸度计

? 想一想

根据工作需要，选择适宜的溶液酸度测定方法。（连连看）

(1) 生活饮用水 pH 值的粗略测定　　　　　　　　酸碱指示剂
(2) 采样现场，生活饮用水 pH 值的准确测定　　　pH 试纸
(3) 实验室，生活饮用水 pH 值的准确测定　　　　便携式酸度计
(4) 生活饮用水酸碱性的判断　　　　　　　　　　台式酸度计

三、认识酸度计的外部结构和操作步骤

 看一看

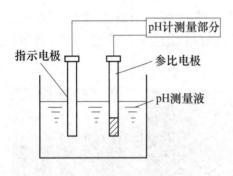

图 1-3　酸度计测定原理

酸度计由电极和电计两部分组成，电极分为指示电极和参比电极。指示电极、参比电极与测量液组成工作电池（原电池），电计在零电流的条件下测量其电动势，如图 1-3 所示。测量 pH 通常以玻璃电极为指示电极，饱和甘汞电极为参比电极，或者使用将 pH 玻璃电极和参比电极组装在一起的 pH 复合电极，如图 1-4 所示。相对于两个电极而言，复合电极最大的好处就是使用方便。

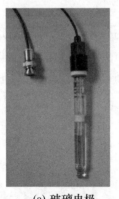　　

(a) 玻璃电极　　　　(b) 甘汞电极　　　　(c) 复合电极

图 1-4　酸度计常用电极

 写一写

(1) 查阅 FE22 酸度计操作说明书，结合下列仪器图片，标注各部件和接口名称

学习任务一 生活饮用水pH的测定

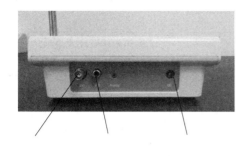
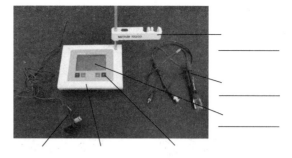

(2) 在下列表格中填写完整各按键的功能

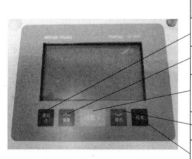

名称	短按(测量模式)	长按(测量模式)	短按(其他模式)
① 开/关/退出			
② 设置			
③ 读取/终点方式			
④ 模式			
⑤ 校准			

(3) 标出显示屏上各图标代表的意思

设置模式
错误代码
温度信息
偏移(±0~20mV)
斜率(95%~105%)
校准类型/线性

(4) 补充完善FE22酸度计的操作步骤

序号	操作流程	操作图示	操作步骤及注意事项
1	准备工作	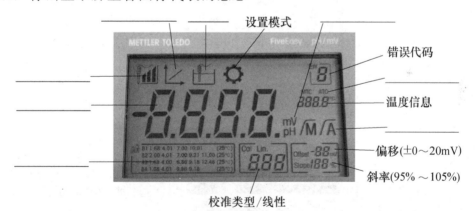	①将电源插头插入稳压电源插座 ②将电极安装在电极支架上 ③取下短路插头,连接温度电极和pH电极 **注意:** ①未连接电极时,pH电极接口要连接短路插头,避免灰尘、湿气进入,同时保护电子元件。②仪器使用前,需接通电源,短按____键打开酸度计预热20min

续表

序号	操作流程	操作图示	操作步骤及注意事项
2	仪器自检	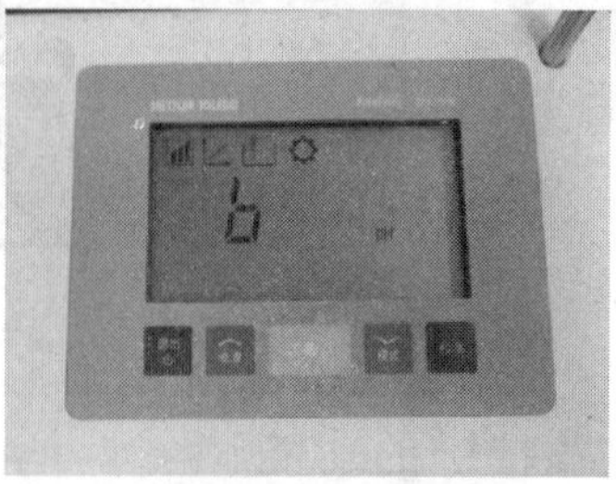	①开机:短按____键 ②同时按下____和____键,检查仪表显示屏上能否正确显示所有图标 ③b开始闪烁,显示屏上出现5个按键图标 ④按____键,相应图标从显示屏上消失。仪器自检成功将出现____,自检失败则出现____ **注意**:出现b后,必须在1min内按所有按键。否则,将出现FRL,需要重新进行仪器自检
3	综合设置	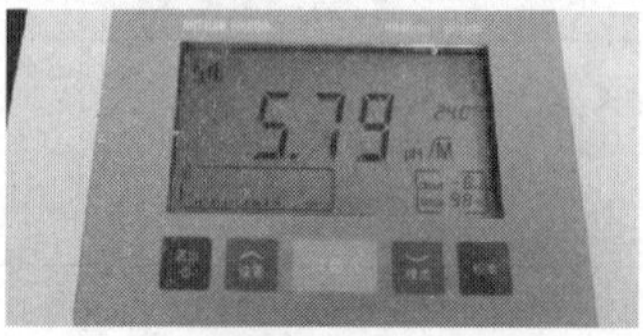 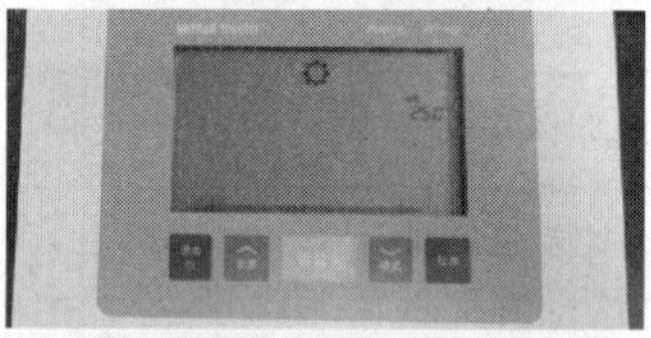 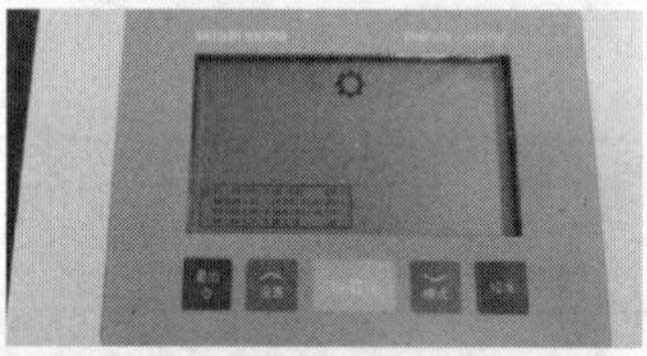	①终点方式切换:长按____键,可在自动和手动终点模式之间切换。自动终点模式图标为____,输入信号稳定时测量自动停止;手动终点模式图标为____,需要按____键手动结束测量 ②温度测量:如配置有温度探头,仪表自动识别显示____和样品温度;如无温度探头,则按____键切换到手动模式,仪表显示____,按____和____键选择温度值,再按____键确认设置 ③缓冲液组预设:自动温度补偿状态下,按____键,缓冲液组闪烁,按____和____键选择缓冲液____组,再按____键确认 ④测量模式:按下____键,在pH和mV模式之间切换
4	校准 (二点校准法)	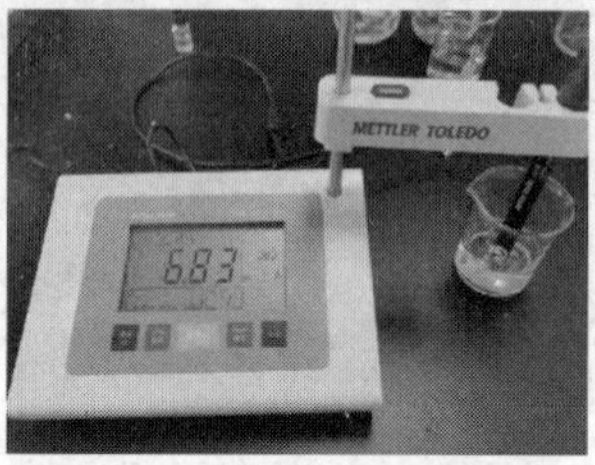  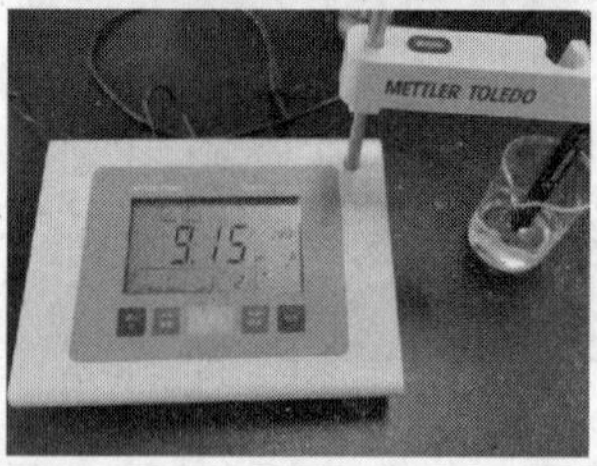	①将电极浸入pH为____的标准缓冲溶液中,轻轻摇动烧杯,使电极所接触的溶液均匀 ②按____键,自动终点方式为信号稳定显示____(手动终点方式则需按下____键,仪表显示____),完成第1点校准 ③电极用去离子水冲洗后,浸入pH为____或____的标准缓冲溶液中,按下____键,等信号稳定显示____(或按下____键显示____),完成第2点校准 ④按下____键,确认校准结果 **注意**:①校准pH电极通常需要两种缓冲液,一种比样品的pH值低,一种比样品的pH值高,所以需了解样品的pH值大致是多少。②pH校准后,斜率和偏移值均得以更新,并显示在显示屏相应位置

续表

序号	操作流程	操作图示	操作步骤及注意事项
5	测量		①用去离子水冲洗电极后,用滤纸轻轻吸干电极上残余的水,或用待测液淋洗电极 ②将电极浸入盛有待测溶液的烧杯中,轻轻摇动烧杯使溶液均匀,按____键开始测量 ③信号稳定后,显示屏显示____(自动终点方式),或按下____键显示____(手动终点方式),记录测量值
6	结束工作		①测量完毕,关闭酸度计电源开关,拔出电源插头 ②取出pH复合电极用蒸馏水清洗干净,套上盛液套 ③清洗烧杯,晾干后妥善保存 ④清理实验工作台,填写仪器使用记录

素质拓展阅读

青蒿素的发现

2015年10月,因发现治疗疟疾的新药物——青蒿素,屠呦呦成为第一位获得诺贝尔科学奖项的中国本土科学家、第一位获得诺贝尔生理或医学奖的华人科学家。

青蒿素的发明过程并非一帆风顺。为了寻找治疗疟疾的良药,屠呦呦在短短3个月时间内就查阅并收集了2000多个药方。经过两年间数百次的失败,屠呦呦的目光最终锁定在中药青蒿。然而青蒿虽对小鼠疟疾的抑制有效,但效果不稳定。为了寻找效果不稳定的原因,屠呦呦再次重温古代医书,在医书中获取有用的信息。在查阅文献时,东晋名医葛洪的一段话让屠呦呦意识到温度可能是提取青蒿中治疗疟疾有效物质的关键。最后结合医书中获取的信息,屠呦呦改变了提取方式,并最终获得了成功。从浩如烟海的中药中筛选出青蒿,并从中提取青蒿素,离不开屠呦呦一次一次地查阅古籍文献。通过从古代医书中获取信息,屠呦呦成功地发现并提取出治疗疟疾的良药,也为我国赢得了第一个诺贝尔科学奖。

制订与审核计划

一、查找与阅读标准

查阅 GB/T 5750.4—2006《生活饮用水标准检验方法 感官性状和物理指标》，回答以下问题。

① 生活饮用水标准检验方法中规定水质检测的感官性状和物理指标有哪些？常用测定方法分别是什么？

② 试述玻璃电极法测定水样 pH 值的原理。

③ 用上述标准方法测水样的 pH，其适用范围、准确度和试验条件分别是什么？

二、制订实验计划

依据 GB/T 5750.4—2006，结合学校的实验条件，以小组为单位，讨论、制订水样 pH 测定的实验方案。

(1) 根据小组用量，填写试剂准备单

序号	试剂名称	级别	数量	配制方法
备注				

(2) 根据个人需要，填写仪器清单（包括溶液配制和样品测定）

序号	仪器名称	规格或型号	数量	仪器维护情况
备注				

(3) 列出主要分析步骤，合理分配时间

序号	主要步骤	所需时间	操作注意事项

小知识

1. pH复合电极的使用操作和维修（以LE438梅特勒pH电极为例，如图1-5）

（1）电极的使用程序　①仔细检查电极敏感膜、液络部和NTC，如有损伤则用原包装将电极退回。②取下盛液套，用蒸馏水清洗pH敏感膜、液络部和电极体，然后用纸巾轻轻吸干，不要摩擦pH敏感膜以防产生静电影响电极的响应时间。③将电极平缓移至垂直位置，以防敏感膜内存有气泡，玻璃电极的内参比部分必须浸在无气泡的内缓冲液中，内缓冲液必须充满敏感膜球泡。④将电

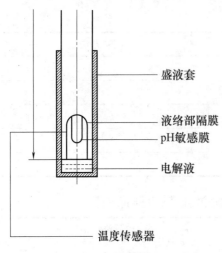

图 1-5　LE438 梅特勒 pH 电极

极电缆的 BNC 和 NTC 接头分别接入酸度计相应接口处。⑤按酸度计说明书上的详细步骤，用标准 pH 缓冲液对电极进行校准，校准完毕后，用蒸馏水清洗 pH 敏感膜、液络部和电极体，并用纸巾轻轻吸干，电极可用以测量。⑥测量结束后，必须清洗电极，并将盛有三分之一体积的 3mol/L KCl 溶液的盛液套装回到电极的头部。切勿将电极存放在蒸馏水中，否则将缩短电极的使用寿命。

(2) 电极故障及排除方法　①偏移和斜率是电极的两个质量指标，±0~20mV/95%~105%，电极处于良好状态；±20~35mV/90%~94%，电极需要清洁；≥35mV 或 ≤-35mV/85%~89%，电极出现故障。②响应缓慢/漂移，以温水洗涤液络部。如果电极长时间干放，使用前应浸泡在 3mol/L KCl 溶液中 24h 以上。③斜率调节不到位，以温水清洗电极的液络部，用无水乙醇擦净电缆的连接头。④电极受到油或有机液体物质污染时，用丙酮或乙醇清洗。注意：切勿使用强酸（如浓盐酸）清洗电极，否则将缩短电极的寿命，电极每次清洗后必须重新校准。

(3) 适用场合　该型号电极在实验室内可以测量一般水溶液介质，用于水族馆、废水、（水基）乳胶液、（水基）悬浮液、游泳池、野外测量、（水基）涂料等试样，特别适用于温度不同和温度处于变化状态的试样。

2. pH 标准缓冲溶液

(1) 标准缓冲溶液的种类　pH 标准缓冲溶液是 pH 测定的基准，我国国家标准物质研究中心确定 pH 工作基准由七种六类标准缓冲物质组成，按 GB/T 27501—2011《pH 值测定用缓冲溶液制备方法》配制出的标准缓冲溶液的 pH 均匀地分布在 0~13 的范围内。一般实验室常用的标准缓冲物质是邻苯二甲酸氢钾、混合磷酸盐和四硼酸钠，市场上销售的成套"pH 缓冲液"就是这三种物质的小包装产品，使用较方便；除了成套的固体缓冲液外，也有成套配制好的标准缓冲液销售，使用更方便，如图 1-6 所示。

缓冲溶液的配制

(2) 标准缓冲溶液的配制　对于一般的 pH 测量，可使用成套的 pH 缓冲液。配制时不需要干燥和称量，直接将袋内试剂倒入小烧杯中，用适量去离子水使之溶解，并冲洗包装袋多次，再转移至 250mL 容量瓶中，稀释、定容、摇匀，以保证配制的 pH 标准缓冲溶液准确无误。用于 0.01 级酸度计测量时，去离子水需预先煮沸

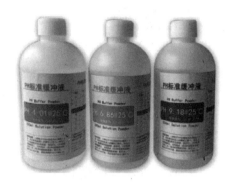

图 1-6　pH 标准缓冲液

15～30min，除去溶解的二氧化碳。

（3）标准缓冲溶液的保存和使用　配制好的 pH 标准缓冲溶液应贮存在玻璃试剂瓶或聚乙烯试剂瓶中密闭保存，防止空气中 CO_2 进入使 pH 降低。标准缓冲溶液一般可保存 2～3 个月，若溶液中出现浑浊等现象，不能继续使用。校准酸度计时，取一洁净小烧杯用待装的缓冲溶液润洗三次，倒入 50mL 左右该标准缓冲溶液，备用。使用后的缓冲溶液不得再倒回试剂瓶中，以免污染原溶液。

三、审核实验计划

(1) 各小组展示实验计划（海报法或照片法），并做简单介绍
(2) 小组之间互相点评，记录其他小组对本小组的评价意见
(3) 结合教师点评，修改完善本组实验计划

评价小组	计划制订情况(优点和不足)	小组互评分	教师点评
平均分：			

注：1. 小组互评可从计划的完整性、合理性、条理性、整洁程度等方面进行评价；
2. 对其他小组的实验计划进行排名，按名次分别计 10、9、8、7、6 分。

素质拓展阅读

个人防护记心上

在开始实验之前学生要穿好个人防护服、戴好护目镜及防毒面具等防护用品。熟悉所用仪器和试剂的性质,严格遵守安全守则和实验操作规则,防止事故的发生。某博士生在使用过氧乙酸的时候,没有戴护目镜,结果过氧乙酸溅到眼睛,致使双眼受伤。另一个博士生在使用三乙基铝的时候,不小心弄到了手上,由于没有戴防护手套,出事后也没有立刻用大量清水冲洗,结果左手皮肤严重灼伤,需要植皮。化学实验室常用玻璃仪器,经常接触酸、碱等强腐蚀性药品,在学生实验中容易产生污染,事故隐患很多。世界技能大赛化学实验室技术项目要求学生具备 HSE(健康、安全与环境)管理体系理念,选手必须自己撰写实验中可能出现的危险及伤害的可能性,始终保证个人健康和安全。

活动四 实施计划

一、组内分工,准备仪器及配制溶液

序号	任务内容	负责人
1	领取酸度计、电极和小烧杯,检查仪器完好情况	
2	领取成套 pH 缓冲液和 pH 试纸,按要求配制标准缓冲溶液	
3	按要求采集待测水样	
4	按质控样证书的要求,配制质控样	

二、选择标准缓冲溶液,校准酸度计

用广泛 pH 试纸粗测水样 pH,为_____。二点法校准仪器,选择缓冲液为_____和_____。电极性能显示,偏移为

_____，斜率为_____。

备注：若所使用的酸度计不是梅特勒系列，请认真、详细地阅读相应型号仪器的使用说明书，熟悉其使用方法、操作步骤及仪器的维护等内容。如果使用的不是复合电极，而是玻璃电极与饱和甘汞电极，请认真阅读电极使用说明书。

三、测量水样和质控样 pH，填写检测原始记录

样品名称		样品编号	
检验项目		检验日期	
检验依据		温　度	
检验设备及编号			
标准物质及编号			
测定次数	1		2
质控样 pH			
质控样 pH 平均值			
水样 pH			
水样 pH 平均值			
检验人		复核人	

四、关机和结束工作

（1）酸度计　_____
（2）复合电极　_____
（3）烧杯　_____
（4）其他　_____

注意事项

① pH 标准物质应保存在干燥的地方，如出现潮解则不可再使用。不同温度下，标准缓冲溶液的 pH 值是不一样的，可查看"标准缓冲液 pH 值与温度对照表"。

② 为确保测量精度，电极使用前应用去离子水冲洗两次，然后用待测试样冲洗三次方可测量。盛放待测溶液的烧杯应用待测溶液润洗三次，以免离子污染。

③ 使用 pH 复合玻璃电极，要小心保护好玻璃球膜。电极插入溶液深度以

④ 温度对 pH 测量精度的影响较大。为了减少测量误差，应做到：a. 尽量选择接近被测溶液 pH 值的缓冲溶液校准酸度计；b. 尽量使校准溶液的温度与被测溶液的温度一致或接近；c. 应该选择有温度补偿的酸度计；d. 对于高于环境温度的溶液，自然冷却后再测量，否则会引起测量不稳定。

⑤ 同一试样平行测定两次，测量值之差不大于 0.1pH 单位。读数时电极引入导线和溶液应保持静止，否则会引起仪器读数不稳定。

⑥ 由于待测水样的 pH 常随空气中 CO_2 等因素的变化而改变，因此采集水样后应立即测定，不宜久存。

⑦ 长时间不使用酸度计时，要关闭电源，放置在干燥、稳固、无酸碱腐蚀性气体、环境温度稳定（5~45℃）的地方。注意用电安全，合理处理、排放实验废液。

⑧ 电源电压不稳定、反复开关机会直接损伤电极，导致电极老化速度加快。

 小知识

化验室原始记录的管理

（1）分析室资料主要包括的内容

① 负责检验样品的标准文本、有关的基础标准，方法标准。

② 所用仪器的使用说明书齐全，所有仪器的操作规程齐全。

③ 各种规章制度齐全，本岗位的工作职责、各室各类人员工作标准、程序文件齐全。

④ 本室所承担的分析样品的名称、频度控制项目应列成表格挂在墙上。

⑤ 本岗位所用的分析原始记录、质量报告单齐全，且格式、内容符合要求。

（2）原始记录管理规定

① 检验原始记录要有一定格式、内容齐全。一般包括编号、品名、来源、批号、代表量、采样日期、检验日期、标准号、检测项目、实测数据、计算公式、检验结论、检验者、复核者。

② 原始记录必须直接真实地填写，不得转抄，不得用铅笔书写。字迹端正、清晰，数字处理准确。

③ 对于容易丢失的单篇记录，例如记录图、自动数据记录器的记录结果等，必须保存在正式的参考文件或工作手册中，也可以按日装订好。

④ 如测试数据用计算机处理，测试结果应以"硬性复制"提供时，必须在原始记录和存储数据之间互相做出标记，以便清楚地辨认。

⑤ 检验记录必须有量程的记载，以便能够确定可能的误差源，而且必要时

能够在原来条件下进行重复测定。

⑥ 质量检验机构所属单位的其他人员，如确因工作需要，查阅原始记录时，应征求领导同意，履行批准手续，方可查阅。

⑦ 原始记录涂改处应≤1%，记录人应在修改处划一横线并盖章。

⑧ 原始记录应建立档案，由资料室负责保存，保存期为三年。

素质拓展阅读

爱岗敬业　严把质量关

在市场经济环境下，消费者对产品质量的要求越来越高，而分析检验工作正是把好生产质量关、提高产品质量的重要环节。通过样品检验，可以获取产品的基础数据，从整体上把握产品生产概况；通过数据分析，可以依据客观规律，提前发现生产中容易发生的问题，从而为改进生产工艺、优化生产流程、提升产品质量提供依据。

走进化验室，你总能看到这样一个身影，他穿着白大褂，忙碌地与各种仪器打交道，每天不停地取样、称样、检测、记录、分析、汇总……，严把每一个操作步骤、每一个检测细节，只为以最快速、最有效的方法，提供最准确、最真实、最可靠的检测数据，他用点滴守护客户的信任，用责任与担当做好数据记录。这就是一名优秀化验员的真实写照。

活动五　检查与改进

一、分析实验完成情况

1. 自查操作是否符合规范要求

（1）正确说出酸度计的主要构成部件；　　　　　　　　　□是　□否

（2）指认酸度计各插孔，正确连接电极、温度探头和电源；□是　□否

（3）正确说出各功能键的作用；　　　　　　　　　　　　□是　□否

（4）正确完成酸度计的自检；　　　　　　　　　　　　　□是　□否

（5）会进行自动和手动终点模式的切换；　　　　　　　　□是　□否

（6）正确选择缓冲液组 B3； □是 □否
（7）用无 CO_2 水配制 pH 标准缓冲溶液； □是 □否
（8）用容量瓶准确定容标准缓冲溶液； □是 □否
（9）选择适合的标准缓冲溶液； □是 □否
（10）正确进行电极清洗和吸干操作； □是 □否
（11）正确选择测量模式（pH）； □是 □否
（12）小烧杯用待装溶液润洗 3 次； □是 □否
（13）电极浸入溶液深度合适，不靠烧杯壁； □是 □否
（14）轻轻晃动小烧杯使溶液均匀； □是 □否
（15）溶液静置后才进行测量； □是 □否
（16）仪器校准方法正确（二点校准法）； □是 □否
（17）水样测量方法正确； □是 □否
（18）测量结束后，及时清洗电极并插入盛液套； □是 □否
（19）关闭酸度计电源，妥善保管； □是 □否
（20）规范填写仪器使用记录。 □是 □否

2. 互查实验数据记录和处理是否规范正确

（1）记录表各要素填写　　□全正确　　□有错误，_____处
（2）实验数据记录　　　　□无涂改　　□规范修改（杠改）
　　　　　　　　　　　　□不规范涂改
（3）有效数字保留　　　　□全正确　　□有错误，_____处
（4）平均值计算　　　　　□全正确　　□有错误，_____处

3. 自查和互查 7S 管理执行情况及工作效率

	自评	互评
（1）按要求穿戴工作服和防护用品；	□是 □否	□是 □否
（2）实验中，桌面仪器摆放整齐；	□是 □否	□是 □否
（3）安全使用化学药品，无浪费；	□是 □否	□是 □否
（4）废液、废纸按要求处理；	□是 □否	□是 □否
（5）未打坏玻璃仪器；	□是 □否	□是 □否
（6）未发生安全事故（灼伤、烫伤、割伤）等；	□是 □否	□是 □否
（7）实验后，清洗仪器、整理桌面；	□是 □否	□是 □否
（8）在规定时间内完成实验，用时____ min。	□是 □否	□是 □否

4. 教师汇总并点评全班实验结果

（1）本人水样 pH 测定有效结果的平均值_____，平行测定结果的极差_____，是否符合重复性要求_____。

（2）全班水样 pH 测定有效结果的平均值_____，本人测定结果_____（偏高、偏低），相差_____。

（3）本人质控样测得的 pH _____，质控样的实际 pH _____，不确定度范围_____，本次检测是否有效_____。

二、针对存在问题进行练习

练一练

样品预处理、缓冲溶液配制、酸度计的使用、电极的使用等。

三、再次实验，并撰写检验报告

根据实验完成情况分析，进一步规范自身操作，减少系统误差和偶然误差，提高分析结果的精密度和可靠性。同时，撰写电子版检验报告，需包含抽样地点、样品编号、检测项目、检测结果、限值、结论等要素，同时说明该任务中有哪些必需的健康和安全措施，以及操作过程中是否需要采取环保措施。

小知识

（1）质控样　将已知量的待测样品加入生物介质中配制而成，用于质量控制。水质监测标准物质-pH（标样）环境标准样品主要用于环境监测及分析测试中的质量保证和质量控制，亦可用于分析仪器校正、分析方法比对和分析技术仲裁。将质控样测得的 pH 与质控样证书比较，如果在其不确定度范围内，说明本次检测有效；若超出其不确定度范围，则本次检测无效，需要重新进行检测。

（2）HSE 管理体系　健康、安全与环境管理体系简称为 HSE（health safety and environment）管理体系，是指实施安全、环境与健康管理的组织机构、职责、做法、程序、过程和资源等构成的整体。它是一种事前进行风险分析，确定其自身活动可能发生的危害和后果，从而采取有效的防范手段和控制措施防止其发生，以便减少可能引起的人员伤害、财产损失和环境污染的有效管理模式。它突出强调了事前预防和持续改进，具有高度自我约束、自我完善、自我激励机制，因此是一种现代化的管理模式，是现代企业制度之一。目前，国内常见的 HSE 标准是 SY/T 6276—2014《石油天然气工业　健康、安全与环境管理体系》、Q/SY 1002.1—2013《健康、安全与环境管理体系　第 1 部分：规范》。HSE 管理体系所体现的管理理念是先进的，它主要体现了注重领导承诺的理念,体现以人为本的理念,体现预防为主、事故是可以预防的理念,贯穿持续改进和可持续发展的理念,体现全员参与的理念。

素质拓展阅读

以技立业,以精取胜

2021年7月24日上午,在东京奥运女子10米气步枪决赛中,中国选手杨倩以251.8环打破奥运会纪录的成绩夺取了该项目冠军,这是中国代表团在东京奥运拿下的首个冠军,也是东京奥运会产生的首枚金牌!

2010年,杨倩被选入宁波体育运动学校射击队。职业教育强调工匠精神的塑造,工匠精神的中心就是精益求精,在杨倩的身上,就有着激烈的精益求精精神。杨倩说:"比如我练习中有一次打得不好的话,就会主动要求自己加练,我今天一定要把这一枪打好,不能放弃。"从事体育训练是件非常辛苦的事情,杨倩为了练好卧姿,经常一练就是一个多小时,趴着举枪,非常苦。跪姿,跪到腿麻站不起来,然而她却始终坚持着,并结合比赛要求不断地自我检查、改进,直到把姿势练好为止。正是杨倩这种对每一个技术环节精益求精的工匠精神,激励她不断地超越自我,攀越更高的山峰,为我国赢得了东京奥运的首金。

评价与反馈

一、个人任务完成情况综合评价

自评

评价项目及标准		配分	扣分	总得分
学习态度	1. 按时上、下课,无迟到、早退或旷课现象	40		
	2. 遵守课堂纪律,无趴台睡觉、看课外书、玩手机、闲聊等现象			
	3. 学习主动,能自觉完成老师布置的预习任务			

续表

	评价项目及标准	配分	扣分	总得分
学习态度	4. 认真听讲,不思想走神或发呆 5. 积极参与小组讨论,发表自己的意见 6. 主动代表小组发言或展示操作 7. 发言时声音响亮、表达清楚,展示操作较规范 8. 听从组长分工,认真完成分派的任务 9. 按时、独立完成课后作业 10. 及时填写工作页,书写认真、不潦草 每一项4分,完全能做到的得4分,基本能做到的得3分,有时能做到的得2分,偶尔能做到的得1分,完全做不到的得0分	40		
操作规范	见活动五 1. 自查操作是否符合规范要求 一个否定选项扣2分	40		
文明素养	见活动五 3. 自查7S管理执行情况 一个否定选项扣2分	15		
工作效率	不能在规定时间内完成实验扣5分	5		

互评

评价主体		评价项目及标准	配分	扣分	总得分
小组长	学习态度	1. 按时上、下课,无迟到、早退或旷课现象 2. 学习主动,能自觉完成预习任务和课后作业 3. 积极参与小组讨论,主动发言或展示操作 4. 听从组长分工,认真完成分派的任务 5. 工作页填写认真、无缺项 每一项4分,完全能做到的得4分,基本能做到的得3分,有时能做到的得2分,偶尔能做到的得1分,完全做不到的得0分	20		
	数据处理	见活动五 2. 互查实验数据记录和处理是否规范正确 一个否定选项扣2分	10		
	文明素养	见活动五 3. 互查7S管理执行情况 一个否定选项扣2分	10		

续表

评价主体	评价项目及标准		配分	扣分	总得分
其他小组	计划制订	见活动三 三、审核实验计划(按小组计分)	10		
	团队精神	1. 组内成员团结,学习气氛好 2. 互助学习效果明显 3. 小组任务完成质量好、效率高 按小组排名计分,第一至五名分别计 10、9、8、7、6 分	10		
教师	计划制订	见活动三 三、审核实验计划(按小组计分)	10		
	实验完成情况	1. 未出现重大违规操作或损坏仪器	5		
		2. 水样 pH 测定符合重复性要求	5		
		3. 质控样 pH 测定符合重复性要求	5		
		4. 质控样 pH 测定结果在不确定度范围内	5		
	检验报告	按要求撰写检验报告,要素齐全,条理清楚,HSE 描述符合实际,结果分析合理	10		

二、小组任务完成情况汇报

① 以小组为单位,组员对自己完成任务的情况进行小结发言,最满意的是什么?最大的不足是什么?改进措施有哪些?

② 结合小组组员的发言,各组组长针对本组任务完成情况在班级进行汇报。对本组的工作最满意的是什么?存在的主要问题和改进措施有哪些?

素质拓展阅读

评价反馈是检验效果最可靠的依据

评价和反馈活动体现的是对完成任务情况的评价,提出应如何调整、修正当前与未来的工作方法的建议,是检验和衡量效果最直接、最真实、最权威的标尺和最可靠的依据,因此,它具有积极的作用。

一个替人割草打工的男孩打电话给一位陈太太说:"您需不需要割草?"陈太太回答说:"不需要了,我已有了割草工。"男孩又说:"我会帮您拔掉花丛中的杂草。"陈太太回答:"我的割草工也做了。"男孩又说:"我会帮您把草与走道的四周割齐。"陈太太说:"我请的那人也已做了,谢谢你,我不需要新的割草工人。" 男孩便挂了电话,此时男孩的室友问他说:"你不是就在陈太太那割草打工吗?为什么还要打这电话?"男孩说:"我只是想知道我做得有多好!"这个故事反映了只有通过评价反馈,我们才有可能知道自己的长处与不足,然后扬长避短,把工作做优做强。离开评价反馈,奢谈工作的效果,极易孤芳自赏、自欺欺人,是有害无益的。

拓展专业知识

想一想

① 什么是电化学分析法?
② 什么是电位分析法?
③ 直接电位法测定溶液pH的原理是什么?

相关知识

一、电化学分析法概述

电化学分析法是利用物质的电学及电化学性质进行分析的一类分析方法,是仪器分析的一个重要分支。

电化学分析法的特点是灵敏度、选择性和准确度都很高,适用面广。由于测定过程中得到的是电信号,因而易于实现自动化、连续化和遥控测定,尤其适用于生产过程的在线分析。随着科学技术的飞速发展,近年来电化学分析在方法、技术和应用上也得到了发展,并呈蓬勃上升的趋势。

根据测量的参数不同,电化学分析法主要分为电位分析法、库仑分析法、极谱分析法、电导分析法及电解分析法等。这些电化学分析法尽管在测量原理、测量对象及测量方式上都有很大差别,但它们都是在一种电化学反应装置上进行的,这个反应装置就是化学电池。

二、电位分析法的分类和特点

电位分析法是将一支电极电位与被测物质的活(浓)度有关的电极(称指示电极)和另一支电位已知且保持恒定的电极(称参比电极)插入待测溶液中组成一个化学电池,在零电流的条件下,通过测定电池电动势,进而求得溶液中待测组分含量的方法。它包括直接电位法和电位滴定法。

直接电位法通过测量上述化学电池的电动势,进而得知指示电极的电极电位,再通过指示电极的电极电位与溶液中被测离子活(浓)度的关系,求得被测组分含量。直接电位法具有简便、快速、灵敏、应用广泛的特点,常用于溶液 pH 和一些离子浓度的测定,在工业连续自动分析和环境监测方面有独到之处。近年来,随着各种新型电化学传感器的出现,直接电位法的应用更加广泛。

电位滴定法是通过测量滴定过程中电池电动势的变化来确定滴定终点的滴定分析法。与化学分析法中的滴定分析不同的是电位滴定法的滴定终点是由测量电位突跃来确定的,而不是由观察指示剂颜色变化来确定。因此电位滴定法分析结果准确度高,容易实现自动化控制,能进行连续和自动滴定,广泛用于酸碱、氧化还原、沉淀、配位等各类滴定反应终点的确定,特别是那些滴定突跃小、溶液有色或浑浊的滴定,使用电位滴定法可以获得理想的结果。

三、直接电位法测定溶液 pH 的方法原理

1. 测定 pH 的工作电池

电位法测定溶液的 pH 值,是以玻璃电极为指示电极(-),饱和甘汞电极为参比电极(+)组成原电池。工作电池可表示为

$$\text{pH 玻璃电极} \mid \text{试液} \parallel \text{饱和甘汞电极}$$

25℃时工作电池的电动势为

$$E = \varphi_{\text{SCE}} - \varphi_{\text{玻}} = \varphi_{\text{SCE}} - K_{\text{玻}} + 0.0592 \text{pH}_{\text{试}}$$

由于式中 φ_{SCE}、$K_{\text{玻}}$ 在一定条件下是常数,所以上式可表示为

$$E = K' + 0.0592 \text{pH}_{\text{试}}$$

溶液的 pH 值变化 1 个单位时,电池的电动势改变 59.2mV。

2. pH 实用定义

实际工作中不可能直接计算 pH,而是用已知 pH 的标准缓冲溶液为基准,通过比较由标准缓冲溶液参与组成和待测溶液参与组成的两个工作电池的电动势来确定待测溶液的 pH。即测定标准缓冲溶液(pH_s)的电动势 E_s,然后测定待测试液(pH_x)的电动势 E_x。

$$\text{pH}_x = \text{pH}_s + \frac{E_x - E_s}{0.0592}$$

式中,pH_s 为已知值,测量出 E_s、E_x 即可求出 pH_x。通常将该式称为 pH 实用定义或 pH 标度。

实际测量中,选用 pH 值与待测水样 pH 值接近的标准缓冲溶液,校正酸度计(又叫定位),并保持溶液温度恒定,以减少由于液接电位、不对称电位及温度等变化

而引起的误差,测定水样之前,用两种不同 pH 值的缓冲溶液校正,如用一种 pH 值的缓冲溶液定位后,在测定相差约 3 个 pH 单位的另一种缓冲溶液的 pH 值时,误差应在±0.1 之内。校正后的酸度计,可以直接测定水样或溶液的 pH 值。

练习题

一、单项选择题

1. 在 25℃ 时,标准溶液与待测溶液的 pH 变化一个单位,电池电动势的变化为(   )。
   A. 0.058V　　　B. 58V　　　C. 0.059V　　　D. 59V

2. 用酸度计以浓度直读法测试液的 pH,先用与试液 pH 相近的标准溶液(   )。
   A. 调零　　　B. 消除干扰离子　　　C. 定位　　　D. 减免迟滞效应

3. 实验室用酸度计结构一般由(   )组成。
   A. 电极系统和高阻抗毫伏计
   B. pH 玻璃电极和饱和甘汞电极
   C. 显示器和高阻抗毫伏计
   D. 显示器和电极系统

4. 玻璃电极在使用前一定要在水中浸泡几小时,目的在于(   )。
   A. 清洗电极　　　B. 活化电极　　　C. 校正电极　　　D. 检查电极好坏

5. 酸度计在测定溶液的 pH 时,选用温度为(   )。
   A. 25℃　　　B. 30℃　　　C. 任何温度　　　D. 被测溶液的温度

6. 电位法的依据是(   )。
   A. 朗伯-比尔定律　　　B. 能斯特方程　　　C. 法拉第第一定律　　　D. 法拉第第二定律

7. 酸度计是由一个指示电极和一个参比电极与试液组成的(   )。
   A. 滴定池　　　B. 电解池　　　C. 原电池　　　D. 电导池

8. 使用 pH 玻璃电极时,下列说法正确的是(   )。
   A. 使用之前应在蒸馏水中浸泡 24h 以上,测定完后晾干,以备下次测定使用
   B. 能用于浓硫酸溶液、含氟溶液以及非水溶剂的测定
   C. 其球体切勿触及硬物,安装电极时其下端要比 SCE 下端稍高一些
   D. 玻璃电极的使用期一般为两年

9. 用酸度计测定试液的 pH 值之前,要先用标准(   )溶液进行定位。
   A. 酸性　　　B. 碱性　　　C. 中性　　　D. 缓冲

10. 在一定条件下,电极电位恒定的电极称为(   )。
    A. 指示电极　　　B. 参比电极　　　C. 膜电极　　　D. 惰性电极

二、判断题

1. pH 标准缓冲溶液应贮存于烧杯中密封保存。　　　　　　　　　　　　　(   )
2. pH 玻璃电极在使用前应在被测溶液中浸泡 24h。　　　　　　　　　　　(   )
3. 电位滴定法与化学分析法的区别是终点指示方法不同。　　　　　　　　(   )

4. 酸度计测定溶液的 pH 值时，使用的指示电极是氢电极。（　　）

5. 用酸度计测定水样 pH 时，读数不正常，原因之一可能是仪器未用 pH 标准缓冲溶液校准。（　　）

6. 酸度计的电极包括参比电极和指示电极，参比电极一般常用玻璃电极。（　　）

7. 用酸度计测 pH 时定位器能调 pH=6.86，但不能调 pH=4.00 的原因是电极失效。（　　）

8. 清洗电极后，不要用滤纸擦拭玻璃膜，而应用滤纸吸干，避免损坏玻璃薄膜、防止交叉污染，影响测量精度。（　　）

9. 玻璃电极玻璃球泡沾湿时可以用滤纸擦拭，除去水分。（　　）

10. 玻璃电极使用后应浸泡在蒸馏水中。（　　）

三、计算题

pH 玻璃电极和 SCE 组成工作电池，25℃时测得 pH=6.18 的标液电动势是 0.220V，而未知试液电动势 $E_x=0.186V$，则未知试液 pH 为多少？

 ────── 阅读材料

家庭饮水小知识

人类在生活和生产活动中都离不开水，生活饮用水水质的优劣与人类健康密切相关。随着社会经济发展、科学进步和人民生活水平的提高，人们对生活饮用水的水质要求不断提高，饮用水水质标准也相应地不断发展和完善。由于生活饮用水水质标准的制订与人们的生活习惯、文化、经济条件、科学技术发展水平、水资源及其水质现状等多种因素有关，因此不仅各国之间，甚至同一国家的不同地区之间，对饮用水水质的要求都存在着差异。那么自来水怎么饮用才安全呢？需要买个家庭净水器吗？自来水的 pH 值怎么检测呢？

水中氢离子浓度的值常以 pH 值来表示，简单来说 pH 值即酸碱度，pH 值高于 7.00 者即属碱性，低于 7.00 者属酸性，自来水水质标准之 pH 值的允许范围是 6.5~8.5，事实上自来水 pH 值与人体健康的关系并不密切，因此各国在制

订此标准时多依照其水源的 pH 值来确定，而某些地区地下水水源的 pH 值低于 6.5，但高于 6.0，其实这对人体健康不会有影响。常有净水器推销人员拿自来水作电解试验来误导民众认为自来水水质不佳，其原理为何？一些净水器推销员常拿一种简单的电解器放入自来水中，通电后，自来水开始产生黄褐色固体，当这种固体量愈来愈多时，自来水变成红褐色浑浊状，然后借这种现象批评自来水水质不佳以推销其净水器。事实上，这是利用一般大众对电解现象不了解来达到其推销目的，因为自来水常含有一些电解质，具有导电性，而净水器推销员所使用的电解器常利用铁棒作为阳极，铝棒作为阴极，当它被放入自来水中，并加以通电，阳极的铁棒会因电流作用释放出铁离子，而铁离子会立即和水反应变成黄（红）褐色的氢氧化铁的浑浊物，如将电解器的阳极改换成铝棒，则会释放出铝离子，再与水反应变成乳白色的氢氧化铝浑浊物，由此可见，电解所产生的浑浊现象并非因为自来水的水质差。

素质拓展阅读

天道酬勤　春华秋实

李华健是第 45 届世界技能大赛化学实验室技术项目的参赛选手。他出生于山东泰安的一个小农村，家里的果园是他孩提时的乐园，也是他探索未知世界的开始之地。从小帮着家人劳作，培养了他吃苦耐劳、勤奋能干的品质。他学习刻苦，顺利参加高考并拿到了大学录取通知书。然而，因为录取专业与自己的理想太远，顶着家长、老师和同学的不理解的压力，放弃了去大学读书的机会，怀着"技能成才、技能报国"的梦想，选择了化工特色鲜明的山东化工技师学院，学习分析与检测技术。

通过收听本则故事，请同学们思考以下几个问题：

① 为什么李华健要放弃读大学的机会，而选择进入职业学校呢？

② 李华健第一次见到实验室的仪器感觉"有点懵"，却最终代表中国参加世界技能大赛，在此期间他付出了怎样的努力？

③ 为什么李华健会坚信"天道酬勤"？同学们在李华健的身上学习到了怎样的精神？

学习任务二　工业废水中氟化物含量的测定

氟是人体必需的微量元素之一，人每日从食物及水中摄入一定量的氟，有利于牙齿的防龋作用。但长期摄入过量的氟则会引起慢性中毒，特别是对牙齿和骨骼产生严重危害。轻者患氟斑牙，表现为牙釉质损坏、牙齿过早脱落等，重者则骨关节疼痛，甚至骨骼变形、出现弯腰驼背等，完全丧失劳动能力。人体 50% 的氟通过饮水摄入，所以高氟水的危害是严重的，我国饮用水标准中规定氟的含量不得超过 1.0mg/L。

氟化物在自然界中广泛存在，天然水中的氟化物含量一般在 0.3~0.5mg/L，流经含氟矿层的地下水有时可高达 2~5mg/L。我国地下水含氟地区的分布范围很广，高氟饮水主要分布在华北、西北、东北和黄淮海平原地区，包括山东、河北、河南等 12 个省份。此外，有色冶金、钢铁和铝加工、焦炭、玻璃、陶瓷、电子、电镀、化肥、农药等生产过程中都会排放含有氟化物的工业废水。含氟废水处理问题一直备受重视，氟化物作为废水水质的重要排放标准，要求越来越严格，按照国家工业废水排放标准，氟离子浓度应小于 10mg/L。

任务描述

企业环保检测站是隶属企业安全环保部的二层检测机构，下设站长、分析技术员和检测分析员等岗位。环保检测站主要负责企业废水总排放口、各分厂主要生产废水排放口、废水处理排放口的废水检测，以及有组织废气排放和无组织环境气体的检测。环保检测站根据企业环保部下达的检测任务制订检测技术方案并选择分析方法（国标），检测结果上报环保部。企业环保部根据各分厂的排放情况对分厂进行月度环保考核，企业废水总排放口、废水处理排放口、有毒害废气排放口的检测数据上报市环保局。此外，在外排废水、锅炉烟气等监控点另装有在线检测设备，检测数据实时上传市环保局。

你作为某化工生产企业环保检测站的检测员，接到的任务是：到化工厂废水处理排放口采集水样，拿回实验室进行相关污染因子的测定。请你按照 GB 7484—1987《水质 氟化物的测定 离子选择电极法》要求，制订检测方案，在采样当天完成水样中氟化物含量的检测，并出具检测报告。要求连续两个工作日对同一个采样点的水质进行检测，氟化物测定结果的相对标准偏差不超过 0.3%，工作过程符合 7S 规范。

任务目标

完成本学习任务后，应当能够：

① 认识水中氟化物的常用测定方法，并简述离子选择电极法测氟化物的基本原理；

② 按操作规程要求，正确进行电极的选择和氟离子测定装置的组装；

③ 根据任务单要求，依据国家标准以小组为单位制订实验计划，在教师引导下进行可行性论证；

④ 按组长分工，相互配合完成仪器、设备的准备，以及总离子强度缓冲溶液等的配制；

⑤ 按操作规范要求，采用标准曲线法独立完成水样中氟化物的测定；

⑥ 判断检测结果是否符合要求，结果合格则出具检测报告；

⑦ 试述电位分析法的电极分类、直接电位法的应用以及影响离子活（浓）度测定准确度的因素；

⑧ 会正确维护和保养酸度计和电极，并讲述该任务在 HSE 方面的注意事项。

参考学时

30 学时

明确任务

一、识读任务委托单

任务名称	废水处理排放口的水质检测	委托单编号	HJ21621-01
检测性质	☑监督性检测　□竣工验收检测　□委托检测　□来样分析　□其他检测：		

续表

委托单位:企业安全环保部			地址:		联系人:	联系电话:
受检单位:企业废水处理厂			地址:		联系人:	联系电话:
监测地点:废水处理排放口					委托时间:	要求完成时间:
检测工作内容	类别	序号	监测点位	检测/分析项目(采样依据)	检测频次	执行标准
	环境空气	1				—
	☑ 废水 ☐ 污水 ☐ 地表水 ☐ 地下水	2	1# 对外排放口	☐ pH ☐ COD ☐ 氨氮 ☐ 有机磷 ☐ 氯化物 ☑ 氟化物 ☐ 汞 ☐ 悬浮物 ☐ 挥发酚类 ☐ 其他( ) 采样依据:HJ 91.1—2019、HJ/T 91—2002	连续监测 2 天,每天采样 1 次	GB 7484—1987
	环境噪声	3				—
任务下达	业务室签名:				年 月 日	
质控措施	采样质控:☐ 检测前、后校准仪器(☐ 流量 ☐ 标气 ☐ 噪声) ☐ 现场空白 ☑ 现场 10%平行样(明码) ☐ 其他 室内分析质控:☐ 加标 ☐ 10%平行双样 ☑ 质控样 ☐ 其他 质量保障部签名: 年 月 日					
任务批准	注意事项: 检测室签名: 年 月 日					
备注:						

二、列出任务要素

　　(1) 检测对象_____　　(2) 分析项目_____

　　(3) 依据标准_____　　(4) 检测频次_____

　　(5) 检测性质_____　　(6) 任务名称_____

📁 小知识

1. 工业废水监测点位的布设原则

　　① 在车间或车间处理设施的废水排放口布设采样点,监测第一类污染物,如 Hg、Cd、有机氯化合物、强致癌物质等。

　　② 在工厂废水总排放口布设采样点,监测第二类污染物,如悬浮物、硫化物、挥发酚等。

　　③ 已有废水处理设施的工厂,在处理设施的总排放口布设采样点。如需了

解废水处理效果和为调控处理工艺参数提供依据，应在处理设施进水口和部分单元处理设施进、出口布设采样点。

④ 用某一时段污染物平均浓度乘以该时段废（污）水排放量即为该时段污染物的排放总量。

2. 测定氟化物含量的水样采集与贮存

测定废水中的氟化物含量，应使用聚乙烯瓶采集和贮存水样。如果水样中氟化物含量不高，pH 值在 7 以上，也可以用硬质玻璃瓶贮存。取样量为 250mL，在不加任何保护剂的条件下可保存 14 天。

> **素质拓展阅读**
>
> **青春虚度无所成，白首衔悲亦何及。**
> ——［唐］权德舆《放歌行》
>
> 释义：年轻的时候虚度光阴、无所作为，等到了老年即使再心怀悲戚也于事无补了。
>
> 青年是苦练本领、增长才干的黄金时期。当今时代，知识更新不断加快，社会分工日益细化，新技术、新模式、新业态层出不穷。这既为青年人施展才华、竞展风采提供了广阔舞台，也对青年人能力素质提出了新的更高要求。不论是成就自己的人生理想，还是担当时代的神圣使命，青年人都要珍惜韶华、不负青春，努力学习掌握科学知识，提高内在素质，锤炼过硬本领，使自己的思维视野、思想观念、认识水平跟上越来越快的时代发展。

一、认识工业废水

工业废水是指工业生产过程中产生的废水、污水和废液，其中含有随水流

失的工业生产用原料、中间产物和产品以及生产过程中产生的污染物。随着工业的迅速发展，废水的种类和数量迅猛增加，对水体的污染也日趋广泛和严重，威胁人类的健康和安全。对于保护环境来说，工业废水的处理比城市污水的处理更为重要。因此，企业需加强环保宣传和培训教育，提高管理层和操作工人的环保意识，让各个岗位的人员发挥积极的作用。领导在决策时，认真考虑环境保护工作，确保环保投入，让环保工作在人力、物力和财力上有保障；工程技术人员在技术改造和方案优化时，考虑更加完善的环保技术方案；工人在操作时，加强责任心，尽量不发生跑冒滴漏，即使发生，也会采取尽量减少污染环境的措施进行处理；等等。

工业废水的水质因生产行业的不同差别很大，如电力、矿山等部门的废水主要含无机污染物，而造纸和食品等工业部门的废水主要含有机污染物。除间接冷却水外，废水中一般都含有多种同原材料有关的物质，而且存在形态往往各不相同，如氟在玻璃工业废水和电镀废水中一般呈氟化氢（HF）或氟离子（F^-）形态，而在磷肥厂废水中以四氟化硅（SiF_4）的形态存在。工业废水的水量取决于用水情况，如冶金、造纸、石油化工、电力等工业用水量大，废水量也大。以上特点增加了废水净化的难度。

废水处理方法的选择取决于废水中污染物的性质、组成、状态及对水质的要求，大致可分为物理法、化学法及生物法三大类。物理法主要有沉淀、浮选、过滤、蒸发等；化学法有酸碱中和、萃取、氧化还原等；生物法是利用微生物的生化作用处理废水中的有机物（如生物过滤法、活性污泥法等）。以上方法各有其适用范围，必须多措并举才能达到良好的治理效果。废水治理前，需检测各污染物的含量，确定化学试剂的加入量；废水治理后，同样需要检测各污染物的含量，确定是否达到排放标准或循环使用标准。

写一写

① 氟化物属于哪一类污染物？

② 工业废水中氟化物的处理方法有哪些？

二、认识水中氟化物含量的测定方法

看一看

水中氟化物的测定方法主要有：离子色谱法、氟离子选择性电极法、氟试剂比色法、茜素磺酸锆目视比色法和硝酸钍滴定法。离子色谱法已被国内外普遍使用，其方法简便、快速、相对干扰较少，测定范围是 0.06~10mg/L；氟离子选择电极法选择性好，适用范围宽，水样浑浊、有颜色均可测定，测量范围为 0.05~1900mg/L；比色法适用于含氟较低的样品，氟试剂比色法可以测定 0.05~1.8mg/L 的 F^-，茜素磺酸锆目视比色法可以测定 0.1~2.5mg/L 的 F^-，但目视比色误差比较大；氟化物含量大于 5mg/L 时可以用硝酸钍滴定法。

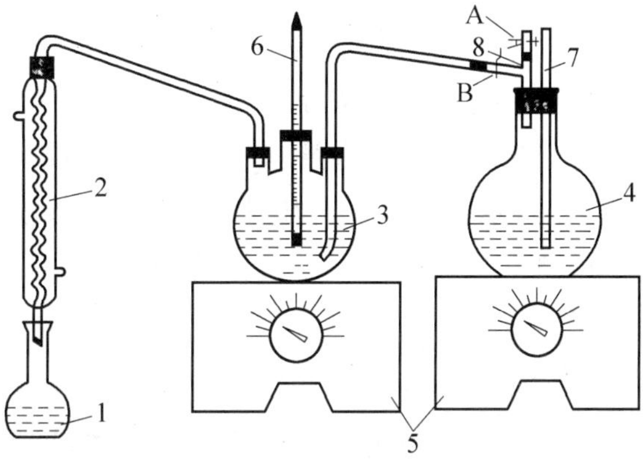

图 2-1 氟化物水蒸气蒸馏装置
1—接收瓶（200mL 容量瓶）；2—蛇形冷凝管；
3—蒸馏瓶（250mL 直口三口烧瓶）；
4—平底烧瓶（水蒸气发生瓶）；5—可调电炉；
6—温度计；7—安全管；8—三通管（排气用）

对于污染严重的生活污水和工业废水，以及含氟硼酸盐的水样均要进行预蒸馏，即在含高氯酸（或硫酸）的溶液中通入水蒸气，水样中氟化物以氟硅酸或氢氟酸形式被蒸出。氟化物水蒸气蒸馏装置如图 2-1 所示，准确取适量水样，置于蒸馏瓶中，并在不断摇动下缓慢加入 15mL 高氯酸，按图 2-1 连接好装置，开启冷凝管中的冷却水。同时加热蒸馏瓶和平底烧瓶，待蒸馏瓶内溶液温度约 130℃时，开启阀 B、关闭阀 A，开始向蒸馏瓶中通入蒸汽，并维持在（140±5）℃，控制蒸馏速度 5~6mL/min。待接收瓶中馏出液体积约 150mL 时，停止蒸馏，并用水稀释至 200mL，留测定用。

想一想

对于氟化物含量较高的工业废水，应选择什么测定方法？

三、认识离子选择性电极法的测量仪器

看一看

离子选择性电极（SIE）是一类利用膜电势测定溶液中离子的活度或浓度的电化学传感器。氟离子选择性电极是一种以氟化镧单晶片为敏感膜的传感器，对 F^- 有很好的选择性，阴离子中除 OH^- 外，均无明显干扰；而 Al^{3+}、Ca^{2+} 等阳离子会造成干扰，需加入掩蔽剂消除。测量离子活（浓）度的仪器包括：指示电极、参比电极、电磁搅拌器及用来测量电池电动势的离子计或精密酸度计，如图 2-2 所示。以氟离子选择性电极为指示电极，饱和甘汞电极为参比电极，使用离子计可以对氟离子进行浓度直读测量（即测定溶液的 pF），其方法与测定溶液中 pH 的方法相似。

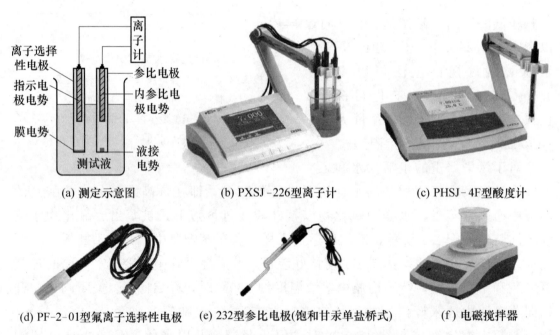

图 2-2　离子活（浓）度的电位法测定装置

写一写

用精密酸度计（酸度计）的 mV 模式测量氟离子浓度的基本步骤：

① 选择_____为指示电极，_____为参比电极；

氟化物测定基本步骤

② 配制_____标准溶液，以及相应的离子强度调节剂；

③ 测量各标准溶液的_____值，绘制氟离子浓度关于电位值的曲线图，并求出标准曲线回归方程；

④ 测量待测样品溶液的_____值，通过工作曲线法或计算法，计算出氟离子浓度。

四、认识氟离子浓度的定量分析方法

看一看

通常采用标准曲线法测定水中的氟化物。即用测定离子的纯物质（NaF）配制一系列不同浓度的标准溶液，依次加入相同量的总离子强度调节缓冲溶液（简称 TISAB），并插入氟离子选择性电极和参比电极，在相同条件下分别测定各溶液的电位值。然后以所测得的电位值 E 为纵坐标，以浓度 $c(F^-)$ 的负对数或密度 $\rho(F^-)$ 的对数为横坐标，绘制标准曲线，如图 2-3 所示。在相同条件下测定待测试液的电位值 E_x，再从标准曲线上查出 E_x 所对应的 $\lg c_x$，计算出试液中氟含量 $c(F^-)$。

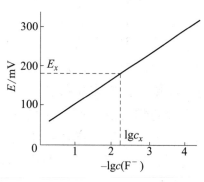

图 2-3　F^- 的标准曲线

标准曲线法主要适用于大批同样试样的测定。对于组成较复杂的个别试样的测定宜采用标准加入法，即将标准溶液加入样品溶液中进行测定，测定准确度高，但需要在相同实验条件下测量电极的实际斜率。

氟化物测定——标准曲线的绘制

练一练

某同学用标准曲线法测定试样中 F^- 浓度。以氟离子选择性电极测定 F^- 标准溶液，得如下数据。

项目	1	2	3	4	5
$\rho(F^-)/(mg/L)$	0.2	0.6	1.0	2.0	4.0
$\lg \rho(F^-)$					
E/mV	285.3	256.5	243.8	226.4	207.9

① 用计算机电子表格绘制标准曲线。

② 若未知试液测定得 $E = 230.0 \text{mV}$，求未知试液 F^- 浓度。

标准曲线回归方程：_____，$a =$ _____，$b =$ _____，$r =$ _____；

查标准曲线得出 $\lg\rho(F^-) =$ _____，根据回归方程得出 $\lg\rho(F^-) =$ _____；

查标准曲线得未知试液 F^- 浓度：_____，回归方程计算得未知试液 F^- 浓度：_____。

📖 素质拓展阅读

《本草纲目》的编写历程

含氟牙膏能安全、有效地预防龋齿，特别适合于有患龋倾向的儿童和老年人使用。近些年来，市面上又推出了诸如消炎、降火、美白功能的中草药牙膏，这些牙膏都含有不同的中草药成分。其实勤劳智慧的中华民族在上古时期便有神农尝百草的传说，历朝历代的医药学著作层出不穷，而明朝李时珍编著的《本草纲目》更是我国药学史上一颗耀眼的明珠。

李时珍行医多年，在翻阅古籍的过程中他发现古代的医书中存在着不少的错误，一些草药的描述并不准确，因此他决定重新编写一部系统且完善的医书典籍。为了编写《本草纲目》，李时珍参考了八百多部书籍，从书中获取了大量有用的信息，结合对药材的实地考察，历时 27 年《本草纲目》的初稿才得以完成。《本草纲目》不仅在国内有深远的影响，更是在世界范围内广为流传。正因李时珍查阅书籍获取了大量信息，有了知识铺垫的同时结合实地考察，才编制出了《本草纲目》这本流传千古的著作，为我国及世界的药学发展留下了宝贵的知识财富。

制订与审核计划

一、查找与阅读标准

查阅 GB/T 7484—1987《水质　氟化物的测定　离子选择电极法》，回答以下问题。

①离子选择电极法测氟化物的适用范围、检出限和干扰因素各是什么？

② 试述离子选择电极法测定水中氟化物的方法原理。

③ 水中氟化物含量常用什么方式表示？对精密度和准确度有何要求？

二、 制订实验计划

依据 GB/T 7484—1987，结合学校的实验条件，以小组为单位，讨论、制订工业废水（水样中干扰物质较少）氟化物测定的实验方案。

（1）根据小组用量，填写试剂准备单

序号	试剂名称	级别	数量	实验所用溶液的浓度和配制方法
备注				

(2) 根据个人需要，填写仪器清单（包括溶液配制和样品测定）

序号	仪器名称	规格或型号	数量	仪器维护情况
备注				

(3) 列出主要分析步骤，合理分配时间

序号	主要步骤	所需时间	操作注意事项

小知识

1. 总离子强度调节缓冲溶液

总离子强度调节缓冲溶液（total ionic strength adjustment buffer，TISAB）

是一种使溶液保持较高的离子强度的缓冲溶液,主要应用在电位分析法上,尤其是与离子选择性电极有关的电位分析。在电位分析法中的电位值往往与被分析离子的活(浓)度的对数成线性关系,而温度、溶液 pH、离子强度、共存离子均会影响测定的准确度,因此加入总离子强度调节缓冲溶液有着至关重要的意义。TISAB 的作用主要有:①维持试液和标准溶液恒定的离子强度;②保持试液在离子选择性电极适合的 pH 范围内,避免 H^+ 或 OH^- 的干扰;③消除对被测离子的干扰。因此,一般来说总离子强度调节缓冲溶液具有以下的一种或多种成分:①高浓度惰性电解质,这是维持总离子强度稳定的关键,主要有硝酸钾、氯化钠、高氯酸钾等;②pH 缓冲溶液,保证被测组分全部以可以被检出的形态存在,最常用的是醋酸(又称乙酸)-醋酸钠缓冲溶液;③掩蔽剂,消除各种干扰物质对检测结果的影响,应用较多的是 EDTA、柠檬酸钠等。

2. 电极的使用和维护

(1) 氟离子选择性电极　氟离子选择性电极结构如图 2-4 所示。

①电极在使用前,应浸泡于 NaF 含量为 10^{-3} mol/L 的溶液中 1~2h 进行活化;②电极晶片勿与坚硬物碰擦,晶片上如有油污,用脱脂棉依次以酒精、丙酮轻拭,再用去离子水清洗;③使用时,电极应该用去离子水清洗数次,直至测得去离子水的电位值约为 300mV(此值各支电极不同),即可以正常使用;④为了防止晶片内侧附着气泡,测量前,让晶片朝下,轻击电极杆,以排除晶片上可能附着的气泡;⑤电极用去离子水清洗后,需用纸巾轻轻吸干再进行测定,以防止引起误差;⑥氟电极使用完毕后,用去离子水清洗至接近空白电位值,晾干后收入电极盒中保存,以延长氟电极使用寿命,保持电极的良好性能。

(2) 饱和甘汞电极　饱和甘汞电极结构如图 2-5 所示。

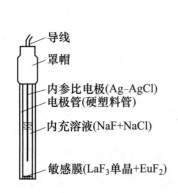

图 2-4　氟离子选择性电极结构

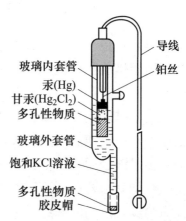

图 2-5　饱和甘汞电极基本结构

①电极在使用前,先将电极下端口和上侧加液口的小胶帽取下,电极不用时戴上;②电极内饱和 KCl 溶液(内参比溶液)中不能有气泡,溶液中应保留少许 KCl 晶体,甘汞芯应在饱和 KCl 液面下,否则需从加液口补充饱和 KCl 溶液;③当甘汞电极外表面附有 KCl 溶液或晶体,应随时除去,同时保证电极下端液络部保持畅通;④测量时电极应垂直置于溶液中,内参比溶液的液面应高于待测溶液的液面;⑤测定结束,用纯水清洗电极下端后套上胶皮帽,并套上加液口的小胶帽,以防止水蒸发后电极干涸。甘汞电极不能浸在纯水中保存,否则氯化钾晶体溶解,溶液稀释。

三、审核实验计划

(1) 各小组展示实验计划(海报法或照片法),并做简单介绍
(2) 小组之间互相点评,记录其他小组对本小组的评价意见
(3) 结合教师点评,修改完善本组实验计划

评价小组	计划制订情况(优点和不足)	小组互评分	教师点评
	平均分:		

注:1. 小组互评可从计划的完整性、合理性、条理性、整洁程度等方面进行评价;
2. 对其他小组的实验计划进行排名,按名次分别计 10、9、8、7、6 分。

素质拓展阅读

"三废"处理讲方法

随着学校扩招,学生人数激增及经济的发展,实验过程中产生的"三废"日益增多,直接排放势必对人们的生活用水和居住环境造成污染,应进行妥善处理。广州市某化学有限公司自建的实验室将 pH 值高达约 14 的强碱性废液直接倒入清洗池,排入地下暗管,涉嫌违反《中华人民共和国水污染防治法》,违反实验室管理规范、作业规范。天河区生态环境分局要求该公司立即清理废液残留物,同时要求该公司完善相关环保审批手续,方可继续从事实验活动。作为化学工作者,我们有必要在制订实验方案的时候随时贯穿绿色环保思想意识,科学合理设计每个实验所用试剂的用量,按需领取化学试剂。对实验试剂进行回收与再利用、对废物进行有效合理的处理,达到不排放或少排放有害物质的目的。

一、组内分工，准备仪器及配制溶液

序号	任务内容	负责人
1	领取精密酸度计、电极、磁力搅拌器等，检查完好情况	
2	领取实验所用的容量瓶、吸量管、小烧杯等仪器	
3	氟离子选择性电极和甘汞电极使用前的准备	
4	领取实验所需的化学试剂	
5	配制盐酸、乙酸钠等一般溶液	
6	配制总离子强度调节缓冲溶液	
7	配制氟化物标准储备液	
8	按质控样证书的要求，配制质控样	

二、准备过程记录

① 氟离子电极的纯水电位值_____，甘汞电极_____（有、无）气泡，_____（是、否）需要补充内参比液；

② 水样的pH为_____，用_____溶液调节至近中性，选择的总离子强度调节缓冲溶液是_____；

③ 基准氟化钠称取质量为_____，稀释定容至_____容量瓶，氟化物标准储备液浓度为_____；

④ 氟化物标准使用液浓度为_____，即准确吸取_____标准储备液，稀释、定容至_____容量瓶；

⑤ 质控样的原始浓度为_____，需准确吸取_____定容至_____容量瓶，稀释倍数为_____。

备注：请根据检测所使用的精密酸度计（或离子计），认真、详细地阅读相应型号仪器的使用说明书，熟悉其使用方法、操作步骤及仪器的维护等内容。

三、制备和测量标准系列、水样和质控样，填写检测原始记录

样品名称				检验项目			
检验依据				检验日期			
检验方法				温度			
检验设备及编号							
标准物质及编号							

工作曲线测绘	编号		1	2	3	4	5	6
	标准量	V/mL						
		ρ/(mg/L)						
		$\lg\rho$						
	电位值 E/mV							
	回归方程		$Y=$			$,a=$	$,b=$	
	相关系数				$r=$			

样品检测	样品名称及编号	理论体积 /mL	取样体积 V/mL	稀释倍数 n	电位值 E/mV	测定值 $\lg\rho$	结果 $\rho_{原}$/(mg/L)	平均值 /(mg/L)
	空白试验							
	质控样							
计算公式及其他								

检验人		复核人	

四、关机和结束工作

（1）精密酸度计 _____

（2）氟离子选择性电极 _____

（3）饱和甘汞电极 _____

（4）其他 _____

注意事项

① 氟标准储备液建议存放在洗净并润洗过的聚乙烯塑料瓶中，对使用过的容量瓶、移液管和玻璃容器应及时清洗。

② 清洗电极、测绘工作曲线以及测量样品时，应使用同一种水质的去离子水，避免因水质不同所引起的测量误差。

③ 用氟离子选择性电极测定样品或标准溶液时，应该用磁力搅拌器进行匀速搅拌，样品测定与标准溶液测定的搅拌速度应该保持相同，仪器显示的电位值稳定后再读数。

④ 温度对测量结果的影响很大，当温度相差 10℃ 时，所测电位相差约 2mV。因此，样品测量和校准曲线绘制的温度应尽可能相同，温差不得超过 ±1℃。

⑤ 测量时应该使用塑料烧杯，测量顺序是氟离子浓度由稀至浓，每次测定前要用被测试液润洗电极、烧杯及搅拌子。这样不仅可减少误差，还可减少响应时间，提高检测速度。

⑥ 测定一系列标准溶液后，应将电极清洗至原空白电位值，然后再测定未知试液的电位值。

素质拓展阅读

依规检测　数据真实

对于检验工作而言，一定要确保检验的真实性，既要求检验工作的操作过程严谨，又要求数据处理正确。由于检验结果通常是具有代表意义的，并且影响着后续的工作程序，因此为了确保化学分析中检验工作的可靠性，一定要依据标准严格做到检验过程前、检验过程中和检验过程后对于质量的控制。

2021 年 5 月，九江市永修生态环境保护综合行政执法大队对星火园区内某公司开展涉水专项检查，发现该公司多项行为涉嫌不正常运行水污染防治设施和生产废水稀释排放，经取样检测外排废水有害物质超标。该违法事件中，污水处理操作工在日常操作中，目测水质情况认为可以达标，未按污水处理操作规定按量投加药剂；检验人员未按要求进行外排水污染指标检测并出具检测结果，导致 5 月 8 日尾水外排中特征污染因子氟化物超标 2 倍。过后经现场再次核查，启动了立案调查程序，依据中华人民共和国水污染防治法、环境保护法的规定，对该公司处以 50 万元罚款，并移交公安机关。

活动五 检查与改进

一、分析实验完成情况

1. 自查操作是否符合规范要求

  (1) 氟离子选择性电极的准备符合要求，空白电位值为 300mV 左右；

    □是 □否

  (2) 饱和甘汞电极的处理符合要求，无气泡、内参比液量合适；□是 □否

  (3) 酸度计接通电源，预热 20min； □是 □否

  (4) 氟电极和甘汞电极的连接方式正确； □是 □否

  (5) 标准溶液的移取操作规范、准确； □是 □否

  (6) TISAB 的加入量和加入方法正确； □是 □否

  (7) 容量瓶使用方法规范、定容准确； □是 □否

  (8) 水样的处理方法正确； □是 □否

  (9) 质控样的处理方法正确； □是 □否

  (10) 选择塑料烧杯和搅拌子，并用待测溶液润洗 3 次； □是 □否

  (11) 电极用待测溶液润洗，浸入烧杯溶液中合适位置； □是 □否

  (12) 正确选择测量模式（mV）； □是 □否

  (13) 启动搅拌器，速度适宜，搅拌子未触碰电极； □是 □否

  (14) 电位稳定后正确读出电位值； □是 □否

  (15) 标准溶液的测量是由低浓度到高浓度； □是 □否

  (16) 测完标准溶液后，氟离子选择性电极清洗至原空白电位值；

    □是 □否

  (17) 水样和质控样均平行测定 3 次； □是 □否

  (18) 测量结束后，正确清洗和保存电极； □是 □否

  (19) 关闭酸度计电源，妥善保管； □是 □否

  (20) 规范填写仪器使用记录。 □是 □否

2. 互查实验数据记录和处理是否规范正确

  (1) 记录表各要素填写 □全正确 □有错误，_____处

  (2) 实验数据记录 □无涂改 □规范修改（杠改）

         □不规范涂改

（3）有效数字保留　　　　□全正确　　□有错误，_____处
　　（4）工作曲线的绘制　　　□全正确　　□有错误，_____处
　　（5）浓度的相关计算　　　□全正确　　□有错误，_____处

3. 自查和互查 7S 管理执行情况及工作效率

	自评		互评	
（1）按要求穿戴工作服和防护用品；	□是	□否	□是	□否
（2）实验中，桌面仪器摆放整齐；	□是	□否	□是	□否
（3）安全使用化学药品，无浪费；	□是	□否	□是	□否
（4）废液、废纸按要求处理；	□是	□否	□是	□否
（5）未打坏玻璃仪器；	□是	□否	□是	□否
（6）未发生安全事故（灼伤、烫伤、割伤）等；	□是	□否	□是	□否
（7）实验后，清洗仪器、整理桌面；	□是	□否	□是	□否
（8）在规定时间内完成实验，用时____min。	□是	□否	□是	□否

4. 教师汇总并点评全班实验结果

　　（1）本人测得工作曲线的相关系数_____，水样 F^- 测定有效结果的平均值_____，平行测定结果的相对标准偏差_____，是否符合重复性要求_____。

　　（2）全班水样 F^- 测定有效结果的平均值_____，本人测定结果_____（偏高、偏低），相差_____。

　　（3）本人质控样测得的 $\rho(F^-)$ _____，质控样的实际 $\rho(F^-)$ _____，不确定度范围_____，本次检测是否有效_____。

二、针对存在问题进行练习

练一练

　　总离子强度调节缓冲溶液的配制、标准系列溶液的配制、精密酸度计的使用、电极的使用、标准曲线的绘制等。

三、再次实验，并撰写检验报告

　　根据实验完成情况分析，进一步规范自身操作，减少系统误差和偶然误差，提高分析结果的精密度和可靠性。同时，撰写电子版检验报告，需包含抽样地

点、样品编号、检测项目、检测结果、限值、结论等要素，同时说明该任务中有哪些必需的健康和安全措施，以及操作过程中是否需要采取环保措施。

 小知识

检测数据的准确性

准确性是指测定值与真实值的符合程度。检测数据的准确性受从试样的现场固定、保存、传输，到实验室分析等环节影响，一般以检测数据的准确度来表征。

准确度常用以度量一个特定分析程序所获得的分析结果（单次测定值或重复测定值的均值）与假定的或公认的真值之间的符合程度。一个分析方法或分析系统的准确度是反映该方法或该测量系统存在的系统误差或随机误差的综合指标，它决定着这个分析结果的可靠性。

准确度用绝对误差或相对误差表示。可用测量标准样品或以标准样品做回收率测定的方法评价分析方法和测量系统的准确度。

1. 标准样品分析

通过分析标准样品，由所得结果了解分析的准确度。

2. 回收率测定

在样品中加入一定量的标准物质测其回收率，这是目前实验室中常用的确定准确度的方法，从多次回收实验的结果中，还可以发现方法的系统误差。按下式计算回收率 P：

$$回收率\ P = \frac{加标试样测定值-试样测定值}{加标量}$$

3. 不同方法的比较

通常认为，不同原理的分析方法具有相同的不准确性的可能性极小，当对同一样品用不同原理的分析方法测定，并获得一致的测定结果时，可将其作为真值的最佳估计。

当用不同分析方法对同一样品进行重复测定时，若所得结果一致，或经统计检验表明其差异不显著时，则可认为这些方法都具有较好的准确度，若所得结果呈现显著性差异，则应以被公认的可靠方法为准。

> **素质拓展阅读**

勤学苦练，坚持不懈

2019年8月，在第45届世界技能大赛上，来自四川凉山的赵脯菠斩获第45届世界技能大赛焊接项目金牌，实现了中国在参加世界技能大赛以来焊接项目的"三连冠"。在谈及如何理解工匠精神时，赵脯菠说："我认为的工匠精神就是一个人一辈子干一件事情。" 16岁那年出于对焊花的好奇和憧憬，赵脯菠选择了焊接这个专业。他每天都坚持高强度的学习训练，在反复的训练和改进中不断提升自己的技能水平。赵脯菠初学仰焊时，由于仰焊的经验不足，导致前期焊缝成型存在较多缺陷，为此赵脯菠曾经十分苦恼。然而通过赵脯菠的勤学苦练，在一次次失败中不断检查和改进，终于在较短时间内掌握了技术要领。

焊接是个辛苦且危险的工作，记得有一次在训练的时候，因为做的试件高于头部，导致铁水往下滴并把赵脯菠的脚烫了一个大洞。然而赵脯菠本着发扬"一天也不耽误，一天也不懈怠"的敬业精神，咬牙坚持了下来。正是因为赵脯菠"干一行，爱一行"的敬业精神，他在坚持和改进中不断地精进自己的技术，最后才成就了他高超的焊接技术，为祖国争得了荣誉。

评价与反馈

一、个人任务完成情况综合评价

自评

评价项目及标准		配分	扣分	总得分
学习态度	1. 按时上、下课，无迟到、早退或旷课现象	40		
	2. 遵守课堂纪律，无趴台睡觉、看课外书、玩手机、闲聊等现象			
	3. 学习主动，能自觉完成老师布置的预习任务			

续表

评价项目及标准		配分	扣分	总得分
学习态度	4. 认真听讲,不思想走神或发呆	40		
	5. 积极参与小组讨论,发表自己的意见			
	6. 主动代表小组发言或展示操作			
	7. 发言时声音响亮、表达清楚,展示操作较规范			
	8. 听从组长分工,认真完成分派的任务			
	9. 按时、独立完成课后作业			
	10. 及时填写工作页,书写认真、不潦草			
	每一项4分,完全能做到的得4分,基本能做到的得3分,有时能做到的得2分,偶尔能做到的得1分,完全做不到的得0分			
操作规范	见活动五1. 自查操作是否符合规范要求	40		
	一个否定选项扣2分			
文明素养	见活动五3. 自查7S管理执行情况	15		
	一个否定选项扣2分			
工作效率	不能在规定时间内完成实验扣5分	5		

互评

评价主体	评价项目及标准		配分	扣分	总得分
小组长	学习态度	1. 按时上、下课,无迟到、早退或旷课现象	20		
		2. 学习主动,能自觉完成预习任务和课后作业			
		3. 积极参与小组讨论,主动发言或展示操作			
		4. 听从组长分工,认真完成分派的任务			
		5. 工作页填写认真、无缺项			
		每一项4分,完全能做到的得4分,基本能做到的得3分,有时能做到的得2分,偶尔能做到的得1分,完全做不到的得0分			
	数据处理	见活动五2. 互查实验数据记录和处理是否规范正确	10		
		一个否定选项扣2分			
	文明素养	见活动五3. 互查7S管理执行情况	10		
		一个否定选项扣2分			
其他小组	计划制订	见活动三 三、审核实验计划(按小组计分)	10		
	团队精神	1. 组内成员团结,学习气氛好	10		

续表

评价主体	评价项目及标准		配分	扣分	总得分
其他小组	团队精神	2. 互助学习效果明显	10		
		3. 小组任务完成质量好、效率高			
		按小组排名计分,第一至五名分别计 10、9、8、7、6 分			
教师	计划制订	见活动三 三、审核实验计划(按小组计分)	5		
	实验完成情况	1. 未出现重大违规操作或损坏仪器	5		
		2. 标准曲线相关系数 $r \geq 0.999$	5		
		3. 水样 F^- 测定符合重复性要求	5		
		4. 质控样 F^- 测定符合重复性要求	5		
		5. 质控样 F^- 测定结果在不确定度范围内	5		
	检验报告	按要求撰写检验报告,要素齐全,条理清楚,HSE 描述符合实际,结果分析合理	10		

二、小组任务完成情况汇报

① 以小组为单位,组员对自己完成任务的情况进行小结发言,最满意的是什么?最大的不足是什么?改进措施有哪些?

② 结合小组组员的发言,各组组长针对本组任务完成情况在班级进行汇报。对本组的工作最满意的是什么?存在的主要问题和改进措施有哪些?

素质拓展阅读

正确的自我认识可以成就更好的你

德国唯物主义哲学家费尔巴哈说过:"谁能够正确地认识自我,他也就在心中点燃了一盏光芒普照的明灯。"一个人只有充分地认识自己,对自己作出实事求是的评价,不夸大,不贬低,才能形成正确的自我观念,从而做到自尊、自爱、自强、自信,并保持一种乐观进取、积极向上的健康心态,才可以成就更好的自己。

"床前明月光,疑是地上霜。举头望明月,低头思故乡。"相信大家对"诗仙"李白并不陌生吧?李白在诗词上的成就是很高的,可谁又知道,李白少年的志向却是"济苍生、安社稷",就是要辅佐帝王,治国安邦,建立不朽功业。但是,李白是一个做事理想化,不重实际,不太善于治国理政,并且狂放不羁,恃才傲物的人,他总认为自己怀才不遇,故终其一生,都在寻求伯乐和流浪中度过。李白的不自知,导致他未能实现从政的理想。可见给自己一个准确的评价有多重要!它能帮助我们正确地认识自己,扬长避短,从而实现理想。

拓展专业知识

? 想一想

① 直接电位法测定溶液离子活（浓）度的原理是什么？
② 影响离子活（浓）度测定准确度的因素有哪些？
③ 电位分析法中的电极分为哪些类型？
④ 直接电位法的应用有哪些？

 相关知识

一、直接电位法测定溶液离子活（浓）度的原理

与电位法测定 pH 相似，离子活（浓）度的电位法测定也是将对待测离子有响应的离子选择性电极与参比电极浸入待测溶液组成工作电池，并用仪器测量其电池电动势（见图 2-6）。

例如，用氟离子选择性电极测定氟离子的活（浓）度（以 a_{F^-} 表示氟离子的活度），其工作电池为

SCE ‖ 试液（$a_{F^-} = x$）| 氟离子选择性电极

pF $= -\lg a_{F^-}$，则 25℃ 时，电池电动势 $E = K' - 0.0592 \lg a_{F^-}$ 或 $E = K' + 0.0592 \text{pF}$

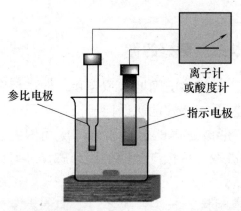

图 2-6 离子活（浓）度的电位法测定装置

式中，K' 在一定实验条件下为一常数。

目前能提供离子选择性电极校正用的标准活度溶液，除用于校正 Cl^-、Na^+、Ca^{2+}、F^- 电极用的标准参比溶液 NaCl、KF、$CaCl_2$ 外，尚无标准。通常在要求不高并保证离子活度系数不变的情况下，用浓度代替活度进行测定。

二、影响离子活(浓)度测定准确度的因素

在直接电位法中影响离子活(浓)度测定的因素主要有以下几种。

(1) 温度 温度的变化会引起直线斜率和截距的变化,而 K' 值所包括的参比电极电位、膜电位、液接电位等均与温度有关。因此整个测量过程中应保持温度恒定,以提高测量的准确度。

(2) 电动势的测量 电动势测量的准确度直接影响测定结果的准确度。因此,测量电动势所用的仪器必须具有较高的精度,通常要求电动势测量误差小于 $0.01\sim0.1\text{mV}$。

(3) 干扰离子 干扰离子能直接为电极响应的,则其干扰效应为正误差;干扰离子与被测离子反应生成一种在电极上不发生响应的物质,则其干扰效应为负误差。例如 Al^{3+} 对氟离子选择性电极无直接影响,但它能与待测 F^- 生成不为电极所响应的稳定的络离子 AlF_6^{3-},因而造成负误差。消除共存干扰离子的简便方法是,加入适当的掩蔽剂掩蔽干扰离子,必要时需要预分离。

(4) 溶液的酸度 溶液测量的酸度范围与电极类型和被测溶液浓度有关,在测定过程中必须保持恒定的 pH 范围,必要时使用缓冲溶液来维持。例如氟离子选择性电极测氟时 pH 控制在 $5\sim7$。

(5) 待测离子浓度 离子选择性电极可测定的浓度范围为 $10^{-6}\sim10^{-1}$ mol/L。检测下限主要决定于组成电极膜的活性物质性质,除此之外还与共存离子的干扰、溶液 pH 等因素有关。

(6) 迟滞效应 迟滞效应是指对同一活度值的离子试液测出的电位值与电极在测定前接触的试液成分有关的现象,也称为电极储存效应,它是直接电位法出现误差的主要原因之一。如果每次测量前都用去离子水将电极电位清洗至一定的值,则可有效地减免此类误差。

三、电位分析法中电极的分类

电位分析法是以工作电池两电极间的电位值或电位差的变化为基础的分析方法,在测量电位差时需要一个指示电极和一个参比电极。

1. 参比电极

参比电极是用来提供电位标准的电极。对参比电极的主要要求是:电极的电位值已知且恒定,受外界影响较小,对温度或浓度没有滞后现象,具备良好的重现性和稳定性。电位分析法中最常用的参比电极是甘汞电极和银-氯化银电极,尤其是饱和甘汞电极(SCE)。电位分析法最常用的甘汞电极的 KCl 溶液为饱和溶液,因此称为饱和甘汞电极(SCE)。

2. 指示电极

电位分析法中，电极电位随溶液中待测离子活（浓）度的变化而变化，并指示出待测离子活（浓）度的电极称为指示电极。常用的指示电极有金属基电极和离子选择性电极两大类。

（1）金属基电极　金属基电极是以金属为基体的电极，其特点是：电极电位主要来源于电极表面的氧化还原反应，所以在电极反应过程中都发生电子交换。最常用的金属基电极有金属-金属离子电极、金属-金属难溶盐电极、惰性金属电极。

（2）离子选择性电极　离子选择性电极是一种电化学传感器，它由对溶液中某种特定离子具有选择性响应的敏感膜及其他辅助部分组成。pH 玻璃电极就是对 H^+ 有响应的氢离子选择性电极，其敏感膜就是玻璃膜。pH 玻璃电极之所以能测定溶液 pH，是由于玻璃膜与试液接触时会产生与待测溶液 pH 有关的膜电位。与 pH 玻璃电极相似，其他各类离子选择性电极在其敏感膜上同样也不发生电子转移，而只是在膜表面上发生离子交换而形成膜电位，因此这类电极与金属基电极在原理上有本质区别。由于离子选择性电极都具有一个传感膜，所以又称为膜电极，常用符号"SIE"表示。

四、直接电位法的应用

直接电位法广泛应用于环境监测、生化分析、医学临床检验及工业生产流程中的自动在线分析等。直接电位法中部分应用实例如表 2-1 所示。

表 2-1　直接电位法中部分应用举例

被测物质	指示电极	线性浓度范围 $c/(\text{mol/L})$	适用的 pH 范围	应用举例
F^-	氟离子选择性电极	$5\times10^{-7}\sim10^0$	5～8	水、牙膏、生物体液、矿物
Cl^-	氯离子选择性电极	$5\times10^{-8}\sim10^{-2}$	2～11	水、碱液、催化剂
CN^-	氰离子选择性电极	$10^{-6}\sim10^{-2}$	11～13	废水、废渣
NO_3^-	硝酸银离子选择性电极	$10^{-5}\sim10^{-1}$	3～10	天然水
H^+	pH 玻璃电极	$10^{-14}\sim10^{-1}$	1～14	溶液酸度
Na^+	pNa 玻璃电极	$10^{-7}\sim10^{-1}$	9～10	锅炉水、天然水、玻璃
NH_3	气敏氮电极	$10^{-6}\sim10^0$	11～13	废气、土壤、废水
脲	气敏氮电极			生物化学
氨基酸	气敏氮电极			生物化学
K^+	钾微电极	$10^{-4}\sim10^{-1}$	3～10	血清
Na^+	钠微电极	$10^{-3}\sim10^{-1}$	4～9	血清
Ca^{2+}	钙微电极	$10^{-7}\sim10^{-1}$	4～10	血清

练习题

一、单项选择题

1. 氟离子选择性电极在使用前需用低浓度的氟溶液浸泡数小时，其目的是（　　）。
   A. 活化电极　　　　　　　　　　B. 检查电极的好坏
   C. 清洗电极　　　　　　　　　　D. 检查离子计能否使用

2. 氟离子选择性电极属于（　　）。
   A. 参比电极　　　　　　　　　　B. 均相膜电极
   C. 金属-金属难熔盐电极　　　　　D. 标准电极

3. 测定 pH 的指示电极为（　　）。
   A. 标准氢电极　　　　　　　　　B. pH 玻璃电极
   C. 甘汞电极　　　　　　　　　　D. 银-氯化银电极

4. 测定水中微量氟，最为合适的方法有（　　）。
   A. 沉淀滴定法　　　　　　　　　B. 离子选择电极法
   C. 火焰光度法　　　　　　　　　D. 发射光谱法

5. 直接电位法中，加入 TISAB 的目的是（　　）。
   A. 提高溶液酸度
   B. 恒定指示电极电位
   C. 固定溶液中离子强度和消除共存离子干扰
   D. 与待测离子形成配合物

6. 电位测定水中 F^- 含量时，加入 TISAB 溶液，其中 NaCl 的作用是（　　）。
   A. 控制溶液的 pH 在一定范围内　　B. 使溶液的离子强度保持一定值
   C. 掩蔽 Al^{3+} 和 Fe^{3+} 等干扰离子　　D. 加快响应时间

7. 下列不属于直接电位法中影响离子活（浓）度测定准确度因素的是（　　）。
   A. 待测离子的价态　　　　　　　B. 溶液的酸度
   C. 温度　　　　　　　　　　　　D. 待测离子浓度

8. 下列（　　）不是饱和甘汞电极使用前的检查项目。
   A. 内装溶液的量够不够　　　　　B. 溶液中有没有 KCl 晶体
   C. 液络部有没有堵塞　　　　　　D. 甘汞体是否异常

9. 离子选择性电极的选择性主要取决于（　　）。
   A. 离子活度　　　　　　　　　　B. 电极膜活性材料的性质
   C. 参比电极　　　　　　　　　　D. 测定酸度

10. 用离子选择性电极以标准曲线法进行定量分析时，应要求（　　）。
    A. 试液与标准系列溶液的离子强度一致
    B. 试液与标准系列溶液的离子强度大于 1

C. 试液与标准系列溶液中待测离子活度一致
D. 试液与标准系列溶液中待测离子强度一致

二、判断题

1. 玻璃电极是离子选择性电极。（   ）
2. 膜电极中膜电位产生的机理不同于金属电极，电极上没有电子的转移。（   ）
3. 在一定温度下，当 Cl^- 活度一定时，甘汞电极的电极电位为一定值，与被测溶液的 pH 值有关。（   ）
4. 使用甘汞电极时，为保证其中的氯化钾溶液不流失，不应取下电极上、下端的胶帽和胶塞。（   ）
5. 离子选择性电极的膜电位与溶液中待测离子活度的关系符合能斯特方程。（   ）
6. 饱和甘汞电极是常用的参比电极，其电极电位是恒定不变的。（   ）
7. 使用氟离子选择性电极测定水中 F^- 含量时，主要的干扰离子是 OH^-。（   ）
8. pH 玻璃电极是一种测定溶液酸度的膜电极。（   ）
9. 使用甘汞电极一定要注意保持电极内充满饱和 KCl 溶液，并且没有气泡。（   ）
10. 玻璃电极膜电位的产生是由于电子的转移。（   ）

三、计算题

以 Pb^{2+} 选择性电极测定 Pb^{2+} 标准溶液，得如下数据

$c(Pb^{2+})$(mol/L)	1.00×10^{-5}	1.00×10^{-4}	1.00×10^{-3}	1.00×10^{-2}
E/mV	-208.0	-181.6	-158.0	-132.0

求：（1）绘制标准曲线；

（2）若对未知试液测定得 $E=-154.0mV$，求未知试液 Pb^{2+} 浓度。

 ———— 阅读材料

如何选购含氟牙膏

含氟牙膏是指含有氟化物的牙膏。科学家发现，氟化物能有效预防龋齿，增强牙齿抗龋的能力。《中国居民口腔健康指南》认为使用含氟牙膏刷牙是安全、有效的防龋措施，特别适合于有患龋倾向的儿童和老年人。

相关的研究数据证明，不使用含氟牙膏比使用含氟牙膏患龋齿的比率高于 80%，现如今市面上越来越多的牙膏标明含氟。那是不是，任何人、任何地区，都可以放心地使用含氟牙膏？

牙膏中氟化物的存在，使含氟牙膏更

适用于低氟地区，龋齿高发地区，但是，对于含氟较高的地区，不建议使用含氟牙膏，如果氟多了，牙齿会变成氟斑牙，牙齿发黄。同时，低于6岁的宝宝也不建议使用含氟牙膏，因为低年龄段宝宝在刷牙过程中容易发生吞咽牙膏的现象。那如何为宝宝选择牙膏呢？不要含氟牙膏，不要有香味的，泡沫少的为主，这是因为泡沫的多少与清洗的程度并没有直接的关系，相反，泡沫多的牙膏，其中的皂基较多，可能会分解成脂酸、苛性碱，刺激到口腔黏膜，破坏酵酶，影响清洁效果。而且更为重要的是，不要使用药物牙膏，药物牙膏对口腔黏膜有损伤，会影响到牙龈、口腔、咽喉，不适合宝宝使用。

那么该如何判断牙膏是否含氟呢？

看牙膏成分。一般市场上能买到的氟，也就三种，分别是氟化钠、单氟磷酸钠和氟化亚锡。氟化钠和单氟磷酸钠在防龋效果上没有明显的区别。而氟化亚锡则是一种效果更好的氟剂，除了含氟以外，亚锡还有一定的杀菌效果，对于防龋可以说是左右开弓、马到成功。还有一点需要注意，含氟牙膏只有含一定浓度的氟，才能在牙齿局部起到防龋齿的作用。所以选购牙膏时不但要注意是否含氟，更要注意氟的含量。理论上讲0.1%以上的浓度的含氟量，防龋效果是比较好的。

素质拓展阅读

亚洲人跻身顶级飞人行列

在2020东京奥运会上，代表着"中国速度"的苏炳添在男子100米半决赛中创造亚洲纪录，跑出9秒83，成功晋级决赛，成为第一位闯入奥运百米赛的亚洲人，让亚洲人为之震惊并为他感到骄傲。2019年，他曾因伤病，成绩一度下滑，作为一名已过而立之年的老将，战胜伤病已是不易，更不要说恢复到曾经的巅峰。但为了能让中国速度再次驰骋2020年的东京奥运会赛场，他没有轻言放弃，而是不停地对自己说："我可以，我还能跑得更快！"

通过收听本则故事，请同学们思考以下几个问题：
① 为什么苏炳添多年来一直保持自律？
② 苏炳添的先天条件并无优势，为何他能一次次取得好成绩？
③ 苏炳添并未在奥运会田径男子100米决赛中获得奖牌，为什么仍被称为亚洲骄傲？

学习任务三　酱油中氨基酸态氮的测定

酱油是人们生活中必不可少的一种营养丰富的调味食品，对促进食欲、帮助消化有重要作用，因此要求必须有一定的色、香、味，并保证营养安全卫生。超市中的酱油琳琅满目，往往让人难以抉择。到底如何鉴别酱油的好坏？关键指标之一就是看氨基酸态氮含量。氨基酸态氮是酱油的营养指标，也是酱油的特性指标，含量越高酱油的滋味越鲜美，质量等级也越高。通常酱油配料表上都会标注氨基酸态氮含量，范围一般在 0.4~1.3g/100mL。

氨基酸态氮，指的是以氨基酸形式存在的氮元素的含量，是判定发酵产品发酵程度的特性指标。用天然食物酿造的酱油，都会含有氨基酸态氮。氨基酸态氮存在于蛋白质和多肽类化合物中，分解后可释放出各种氨基酸的氮素，酱油中的香味就是各种氨基酸的自然效果，如谷氨酸、甘氨酸、丙氨酸、赖氨酸以及天门冬氨酸等。根据 GB 2717—2018《食品安全国家标准　酱油》，酱油中氨基酸态氮最低含量不得小于 0.4g/100mL，若小于 0.40g/100mL 则表明酱油为不合格产品。酿造酱油通过氨基酸态氮含量可区别其等级，一般来说，特级、一级、二级、三级酱油的氨基酸态氮含量分别为 ≥ 0.8g/100mL、≥ 0.7g/100mL、≥ 0.55g/100mL、≥ 0.4g/100mL。

任务描述

某检测技术有限公司业务科接到石化学院第一食堂委托的任务：对学院一食堂近期采购回的一批酱油样品进行检测。业务科将检测委托单流转至食品检测中心理化检测室负责人，并将送检样品交给样品管理员。管理员根据检测项目派发样品至理化检测室，检测员根据检测任务分配单领取实验任务，并按照样品检测标准进行分析。实验结束后的两个工作日内，检测员统计分析数据，并交给检测室负责人审核后流转到报告编制员手中编制报告，报告编制完成后流转到报告一审、二审人员，最后流转到报告签发人手中审核签发。

作为化学检测员的你，请按照 GB 5009.235—2016《食品安全国家标准　食品中氨基酸态氮的测定》要求检测酱油样品中的氨基酸态氮，填写原始记录并出具检测报告。从样品送检当日计，要求在 3 个工作日内完成 2 个送检样品氨基酸态氮的测定,在重复性条件下获得的两次独立测定结果的绝对差值不得超过算术平均值的 10%。工作过程符合 7S 规范,检测过程符合 GB 2717—2018《食品安全国家标准 酱油》的标准要求。

任务目标

完成本学习任务后,应当能够:

① 认识酱油中氨基酸态氮的常用测定方法,并简述酸度计法测氨基酸态氮的基本原理;

② 按酸度计使用说明书,正确选择电极和组装电位滴定基础装置;

③ 根据任务单要求,依据国家标准以小组为单位制订实验计划,在教师引导下进行可行性论证;

④ 按组长分工,相互配合完成仪器的调试和氢氧化钠标准滴定溶液配制等准备工作;

⑤ 按操作规范要求,独立完成氢氧化钠标准滴定溶液的标定,以及酱油样品中氨基酸态氮含量的测定;

⑥ 判断检测结果是否符合要求,并用电脑撰写检验报告;

⑦ 试述电位滴定的实验方法和滴定终点的确定方法;

⑧ 严格遵守 7S 管理,并结合该任务做好健康、安全与环保相关措施。

参考学时

30 学时

明确任务

一、识读任务委托检测协议书

委托检测协议书	协议书编号: YP211015002
	收样人员: 李三
	收样日期: 2021.10.15

客户信息	
申请方: ××××第一食堂	联系人: 孙三
地址: ××××××××××××	电话: ××××-××××
电子邮箱: ×××× 邮编: ××××××	传真: ××××-××××

续表

样品与检测信息

样品名称： 黄豆酱油　　样品数量： 2　　存储条件：☑常温 □冷藏 □冷冻 □其他

样品颜色： 棕褐色　　样品状态： 液体　　样品包装： 350mL×30袋/箱,密封完好

检测样品	检测项目	检测依据	检测项目	检测依据	检测项目	检测依据
酱油Ⅰ	氨基酸态氮	GB 5009.235—2016	全氮		可溶性无盐固形物	
酱油Ⅱ	氨基酸态氮	GB 5009.235—2016	全氮		可溶性无盐固形物	

检测类别：☑委托检测　　□仲裁检测　　□监督检测　　□其他

报告方式：□一张申请单对应一份报告　☑同类样品对应一份报告　□其他_____

检测周期：☑标准服务　　□加急服务　　□特急服务　　□其他（协议周
　　　　　☑7个工作日　　□5个工作日　　□3个工作日　　期____个工
　　　　　 不加收费用　　　加收40%费用　　加收100%费用 作日）

判定要求：□只出结果，不作判定　☑按标准指标判定　□按明示指标____判定

报告盖章：□盖CMA章　☑仅盖检验检测专用章（注：未获得CMA资质的项目依照要
　　　　　　　　　　　　求仅用于内部质量控制、科研等，检测结果不用于社会证明）

报告和发票发放：☑自领　□普通快递（报告寄往□申请方 □付款方 □其他
　　　　　　　　　　　　　　　　　　发票寄往□申请方 □付款方 □其他）

剩样处理：☑退还客户　　□公司自行处理　　□其他

总费用 ：

备注 ：

温馨提示：请您再次确认相关内容的完整性和准确性，清楚了解并同意检测中心提供的服务与收费情况，报告签发后，如需修改报告，将向您收取报告修改费用100.00元/份。委托检测仅对来样负责。

申请方签章：　　　　　　　　　　　　日期：

检测中心代表人签名：　　　　　　　　日期：

二、列出任务要素

（1）检测对象_____　　　　（2）分析项目_____

（3）依据标准_____　　　　（4）检测类别_____

（5）检测周期_____　　　　（6）任务名称_____

小知识

1. CMA（中国计量认证）

中国计量认证简称"CMA"，英文全称 China inspection body and laboratory mandatory approval，是根据中华人民共和国计量法的规定，由省级以上人民政府计量行政部门对检测机构的检测能力及可靠性进行的一种全面的认证及评价（如图 3-1）。这种认证对象是所有对社会出具公正数据的产品质量监督检验机构及其他各类实验室，如各种产品质量监督检验站、环境检测站、疾病预防控制中心等等。

国家目前正在推行强制性的计量认证、审查认可和实验室自愿参加的"实验室认可（CNAS）"等制度，来保证检测机构为社会提供服务的公正性、科学性和权威性，这些认证都是以《中华人民共和国计量法》《中华人民共和国产品标准化法》及《中华人民共和国产品质量法》等法律为依据。取得计量认证合格证书的检测机构，允许其在检验报告上使用 CMA 标记。有 CMA 标记的检验报告出具的数据，用于贸易

图 3-1 计量认证合格证书

的出证、产品质量评价、成果鉴定的公证数据具有法律效力。未经计量认证的技术机构为社会提供公证数据属于违法行为，违法必究。

中国已通过计量认证的检测机构已覆盖了农、渔、林、机械、邮电、化工、轻工、电工、冶金、地质、交通、城建环保、安全防护、水利等行业和部门，已开设比较齐全的检测门类。

2. 酱油采样要求

① 采样必须在无菌操作下进行。采样前操作人员应先穿戴好工作服、工作帽和口罩，准备好已经消毒灭菌的采样用品，并充分混匀液体样品，然后用 75% 酒精棉球消毒手和采样开口处，再将容器或包装袋打开，用灭菌吸管吸取不少于 250mL 的样品装入灭菌采样容器内，在酒精灯火焰下封口。有活塞的需待样品通过出口流出一些后，再用灭菌样品瓶接取样品，注意容器密封。

② 对采集的样品进行及时、准确地标记和记录，填写相应的采样单，采样单应包括样品名称、来源、批号、数量、保存条件、采样地点、时间、采样人等主要信息。样品在保存和运输过程中，应采取必要的措施防止样品中原有微生物的数量变化，保持样品的原有状态。

素质拓展阅读

百尺竿头立不难，一勤天下无难事。
——［清］ 钱德苍《解人颐·勤懒歌》

释义：只要勤奋，天下就没有难做的事情，即使百尺竿头也能昂然挺立。勤奋是学习知识、提升能力、成就事业的重要途径，世间万物关键在"勤"字上下功夫。古往今来很多颇有成就者，成功的根源都离不开勤学苦练，若"三更灯火五更鸡"那般勤奋，才能将自己所学到的知识不断转化为开拓创新的智慧。曾国藩曾说："天下古今之才人，皆以一傲字致败；天下古今之庸人，皆以一惰字致败。"纵观曾国藩的一生，做人做事之道便是：事不拖，话不多，人不作。其中事不拖也就是勤奋，勤奋是成功的根基，以勤治惰、以勤治庸，不管是修身自律还是为人处世，一勤天下无难事。

获取信息

一、认识酱油的生产工艺

 看一看

1. 概述

酱类酿造最早起源于中国。酱油是由酱演变而来，早在三千多年前的周朝就有制作酱的记载。中国历史上最早使用"酱油"名称是在宋朝，公元 8 世纪酱油生产技术随鉴真大师传至日本，后又相继传入东南亚和世界各地。现在酱油的制造方法可以分成酿造酱油和配制酱油（勾兑酱油），酿造酱油又分为高盐稀态发酵工艺和低盐固态发酵工艺两种，其中高盐稀态工艺是以大豆、豆粕、小麦为主要原料，经原料处理、豆粕高压蒸煮、小麦焙炒、混合制曲发酵，再压榨取汁和盐水混合，经过长时间的发酵制成酱油；而低盐固态发酵是采用相对低的盐含量，添加较大比例麸皮、部分稻壳和少量麦粉，形成不具流动性的固态"酱醅"，再通过 21 天的保温发酵制成酱油。

2. 酿造原理

（1）蛋白质的水解　原料中的蛋白质经过米曲霉所分泌的蛋白酶作用，分解成多肽、氨基酸。谷氨酸和天冬氨酸使酱油呈鲜味；甘氨酸、丙氨酸、色氨酸使酱油呈甜味；酪氨酸使酱油呈苦味。

（2）淀粉的水解　原料中的淀粉经米曲霉分泌的淀粉酶的糖化作用，水解成糊精和葡萄糖。糊精和葡萄糖是发酵的基础物质，为微生物提供碳源，与氨基酸化合成有色物质，赋予酱油甜味。

（3）酒精发酵　酵母菌分解糖生成酒精和 CO_2。酒精进一步氧化生成有机酸，或与氨基酸及有机酸等化合生成酯，微量残存在酱醅中，与酱油香气形成有极大关系。

（4）有机酸生成　酱油中含有多种有机酸，其中以乳酸、琥珀酸、醋酸居多。适量的有机酸对酱油呈香、增香均有重要作用，乳酸具鲜、香味，琥珀酸适量较爽口，丁酸具特殊香气。有机酸过多会严重影响酱油的风味。

3. 生产工艺流程图（示例）

生产工艺流程图如图 3-2 所示。

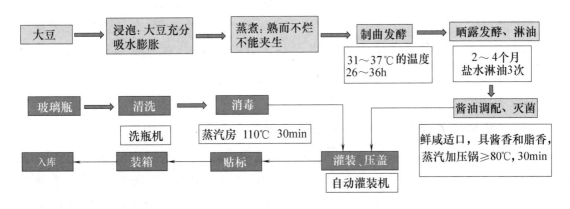

图 3-2　生产工艺流程图

① 你去超市购买酱油时，如何挑选？如何判断酱油的品质？

② 你如何判断酱油中氨基酸态氮的含量是否达到配料表上标注的数值？

二、认识食品中氨基酸态氮的测定方法

蛋白质是人体组织细胞的重要组成部分，人体重量的18%由蛋白质构成。而蛋白质是一类含氮的高分子化合物，基本组成是氨基酸。参加蛋白质合成的常见氨基酸有20种，其中赖氨酸、色氨酸、苯丙氨酸、亮氨酸、异亮氨酸、苏氨酸、蛋氨酸、缬氨酸、组氨酸等是人体自身不能合成或合成速度远不适应机体需要的9种氨基酸，必须由食物中的蛋白质供给，否则人体就不能维持正常代谢的进行，称为必需氨基酸。食品中的氨基酸组成十分复杂，在一般的常规检查中，主要测定食品中氨基酸的总量，即氨基酸态氮的总量。

依据 GB 2717—2018《食品安全国家标准 酱油》，酱油中氨基酸态氮＜0.40g/100mL，即表明酱油为不合格产品。针对食品中氨基酸态氮主要有以下检测方法。

1. 甲醛滴定法

氨基酸是含有碱性氨基（—NH_2）和酸性羧基（—COOH）的有机化合物，化学式是 $RCHNH_2COOH$，在一般情况下呈中性。氨基酸态氮的测定是通过氨基酸羧基的酸度来测定样品中氨基酸态氮含量的，即加入甲醛与氨基结合使其碱性消失，从而显示出羧基的酸性。将酸度计的玻璃电极及甘汞电极（或复合电极）同时插入被测试液中构成原电池，用氢氧化钠标准溶液滴定，依据酸度计指示的 pH 判断滴定终点，以间接法测定氨基酸态氮含量。主要化学反应式为：

$$\text{R—CH—COOH} + \text{HCHO} \longrightarrow \text{R—CH—COOH}$$
$$\quad\;|\qquad\qquad\qquad\qquad\qquad\qquad |$$
$$\;\text{NH}_2\qquad\qquad\qquad\qquad\quad\text{NH—CH}_2\text{OH}$$

$$\text{R—CH—COOH} + \text{NaOH} \longrightarrow \text{R—CH—COONa} + \text{H}_2\text{O}$$
$$\quad\;|\qquad\qquad\qquad\qquad\qquad\qquad\quad |$$
$$\text{NH—CH}_2\text{OH}\qquad\qquad\qquad\text{NH—CH}_2\text{OH}$$

本法准确快速，可用于各类样品游离氨基酸含量的测定，浑浊或色深样液可不经处理而直接测定。甲醛滴定法终点的判断也可采用指示剂法，主要有百里酚酞单指示剂法和中性红-百里酚酞双指示剂法，单指示剂法测定结果稍微偏低，双指示剂法的结果更准确，若样品颜色较深，需要加适量活性炭脱色后再测定。

2. 比色法

在 pH＝4.8 的乙酸钠-乙酸缓冲液中，氨基酸态氮与乙酰丙酮和甲醛反应生成黄色 3,5-二乙酰-2,6-二甲基-1,4 二氢化吡啶氨基酸衍生物，在波长 400nm 处测定吸光度，与标准系列比较定量。本法操作简便、灵敏、快速、取样量少，适合批量样品测定，且可以大大降低甲醛的使用量，从而降低对检测人员和环境的危害。

本次任务，我们采用哪种方法测定酱油中氨基酸态氮？为什么？

三、认识电位滴定的基本原理

电位滴定是在滴定过程中通过测量电位变化以确定终点的滴定方法。电位滴定法与化学分析法中的滴定法相似，都是根据标准滴定溶液的浓度和消耗体积计算被测物质的含量，不同之处是判断滴定终点的方法不同。普通的滴定法是利用指示剂颜色的变化来指示滴定终点的，而电位滴定则是利用电池电动势的突跃来指示滴定终点。因此，电位滴定虽然没有用指示剂确定终点那样方便，但可以用在浑浊、有色溶液以及找不到合适指示剂的滴定分析中，还可用于浓度较稀的试液或滴定反应进行不够完全的情况。另外，电位滴定灵敏度和准确度高，可以实现连续滴定和自动滴定，用途十分广泛。

进行电位滴定时，被测溶液中插入一支参比电极和一支指示电极组成工作电池。随着标准滴定溶液（又称滴定剂）的加入，由于发生化学反应，被测离子浓度不断变化，指示电极的电位也相应发生变化。在化学计量点附近，被测离子活度发生突变，指示电极的电位也相应发生突变。因此，测量工作电池电动势的变化（或pH的变化），可以确定滴定终点。

写一写

电位滴定法与直接电位法有什么区别？

四、认识电位滴定的基本装置和实验方法

看一看

电位滴定的手动滴定装置由参比电极、指示电极、电位计、滴定管、滴定池及搅拌装置组成。自动滴定装置是在滴定管末端连接可通过电磁阀的细乳胶管，此管下端接上毛细管；滴定前根据具体的滴定对象为仪器设置电位（或pH）的终点控制值（理论计算值或滴定实验值）；滴定开始时，电位测量信号使电磁阀开启，滴定自动进行；电位测量值到达仪器设定值时，电磁阀自动关闭，滴定停止。现代的自动电位滴定已广泛采用计算机控制，对滴定过程中的数据自动采集、处理，并利用滴定反应化学计量点前后电位突变的特性自动寻找滴定终点、控制滴定速度，到达终点时自动停止滴定，因此更加自动和快速。

进行电位滴定时，先要准确称取（或移取）一定量试样并将其制备成试液。然后选择一对合适的电极，经适当的预处理后浸入待测试液中。并按图3-3连接组装好装置。开启电磁搅拌器和电位计（或精密酸度计），先读取滴定前试液的电位值（或pH），然后开始滴定。滴定过程中，每加一次一定量的滴定溶液就应测量一次电动势（或pH），滴定刚开始时测量间隔可大一些（如可每滴入5mL标准滴定溶液测量一次），当标准滴定溶液滴入约为所需滴定体积的90%的时候，测量间隔要小些。滴定进行至近化学计量点前后时，应每滴加0.1mL

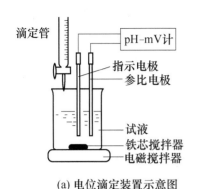 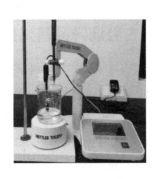 

(a) 电位滴定装置示意图　　(b) 手动滴定装置　　(c) 自动电位滴定仪

图 3-3　电位滴定法测定装置

标准滴定溶液测量一次电动势（或 pH），直至电动势变化不大为止。记录每次滴加标准滴定溶液后滴定管读数及测得的电位或 pH。根据所测得的一系列电动势（或 pH）以及滴定消耗标准溶液的体积确定滴定终点。

 写一写

① 测定酱油中氨基酸态氮含量时，选择什么电极？

② 如果需要向待测酱油试液中滴加 NaOH 标准滴定溶液至酸度计显示 pH 为 8.2 和 9.2，你如何操作？

酱油中氨基酸态氮测定

素质拓展阅读

东方古老调味品酱油的发明

中华上下五千年，辉煌的历史传统文化传承绵延，提到"四大发明"大家都耳熟能详，那大家知道我们一日三餐中的调味品"酱油"是如何发明出来的吗？

早在三千多年前的周代，贵为天子的饮食里就已少不了酱油。那时的酱油，是动物肉剁成肉泥再发酵生成的油。此后，先人们又尝试在肉类之外，用黄豆、小麦发酵制酱，这一工艺经过汉唐数代人的发展，终于在南宋臻于完善，在《山家清供》一书中首次以"酱油"之名进入中华文明的记忆。而在唐朝时期，高僧鉴真东渡日本带去了酱油酿造方法。随后，酱油制作之法又相继传入朝鲜。明朝航海家郑和下西洋时，又将酱油酿造技术传到了东南亚、南亚等国。到了1757年前后，英国人殖民印度，又把酱油酿造技术带到了欧洲，发展成了著名的"伍斯特郡味汁"，也就是后来风行欧美的辣酱油。

在当今世界，酱油这味东方古老的调味品已经成为世界各国人民餐桌上不可或缺的调料品。酱油是我国古代发明的瑰宝，同时也是民族智慧的结晶，我们应该积极传承优秀的民族传统技艺，结合时代的要求赋予其新的内涵，将民族智慧发扬光大。

活动三 制订与审核计划

一、查找与阅读标准

查阅 GB 5009.235—2016《食品安全国家标准 食品中氨基酸态氮的测定》，回答以下问题。

① 试述酸度计法测氨基酸态氮的适用范围，以及对试剂和材料的要求。

② 试述酸度计法测定氨基酸态氮的原理。

③ 酱油中氨基酸态氮的含量常用什么方式表示？对计算结果有效数字保留、测定结果精密度有何要求？

二、制订实验计划

依据 GB 5009.235—2016，结合学校的实验条件，以小组为单位，讨论、制订酱油中氨基酸态氮测定的实验方案。

（1）根据小组用量，填写试剂准备单

序号	试剂名称	级别	数量	实验所用溶液的浓度和配制方法
备注				

（2）根据个人需要，填写仪器清单（包括标准滴定溶液制备和样品测定）

序号	仪器名称	规格或型号	数量	仪器维护情况
备注				

(3) 列出主要分析步骤，合理分配时间

序号	主要步骤	所需时间	操作注意事项

小知识

(1) 甲醛简介　甲醛是一种有机化学物质，化学式是 HCHO，分子量 30.03，又称蚁醛。其是无色有刺激性气味的气体，对人眼、鼻等有刺激作用，相对密度 1.067（空气相对密度为 1），易溶于水和乙醇。甲醛水溶液的浓度最高可达 55%（质量分数），一般是 35%～40%，称作甲醛水，俗称福尔马林。甲醛具有还原性，能燃烧，蒸气与空气形成爆炸性混合物，爆炸极限 7%～73%（体积分数）。

甲醛在工业生产中有很多用途，室内装修常用的板材、油漆、地毯、壁纸等多含有并释放甲醛；燃料和烟叶的不完全燃烧也释放甲醛；医学上甲醛常被用作防腐剂和消毒剂；纺织产业服装的面料生产，为了达到防皱、防缩、阻燃等作用，或为了保持印花、染色的耐久性，常使用含甲醛的印染助剂。

人类接触甲醛的主要途径为呼吸道吸入和皮肤接触，会引发呼吸道炎症和皮肤炎症，还会诱发癌症。有些生产厂家为降低成本，使用甲醛含量极高的廉价助剂，对人体危害非常大。2017 年 10 月 27 日，世界卫生组织国际癌症研究机构公布的致癌物清单中，将甲醛放在一类致癌物列表中。2019 年 7 月 23 日，甲醛被列入有毒有害水污染物名录。

(2) 滴定管分类　滴定管按其用途分为酸式滴定管、碱式滴定管和酸碱两用滴定管。按容积及精度又分为常量、半微量及微量滴定管。常量滴定管中最常用的是容积为 50mL 的滴定管，其最小分度值为 0.1mL，读数可估读到 0.01mL。此外，还有容积为 25mL 和 100mL 的常量滴定管，最小分度值也是 0.1mL。容积为 10mL 的滴定管称为半微量滴定管，最小分度值为 0.05mL。微量滴定管的容积有 1~5mL 各种规格，最小分度值为 0.005mL 或 0.01mL。

三、审核实验计划

（1）各小组展示实验计划（海报法或照片法），并做简单介绍

（2）小组之间互相点评，记录其他小组对本小组的评价意见

（3）结合教师点评，修改完善本组实验计划

评价小组	计划制订情况(优点和不足)	小组互评分	教师点评
平均分：			

注：1. 小组互评可从计划的完整性、合理性、条理性、整洁程度等方面进行评价；

2. 对其他小组的实验计划进行排名，按名次分别计 10、9、8、7、6 分。

素质拓展阅读

团队合作提效率

群体的智慧往往高于个人的智慧，只有大家齐心协力，贡献自己的智慧，才能促使目标的实现。2021 年东京奥运会期间国际奥委会在奥林匹克格言"更快、更高、更强"之后加入"更团结"，奥运赛场上"团结"成为了书写传奇的"新密码"。在 4×100 米接力决赛中，梁小静、葛曼棋、黄瑰芬和韦永丽四名中国姑娘在赛场上表现出了惊人的拼搏精神和毅力，也创造了亚洲女子 4×100 米项目的最好成绩。"集众智者、事无不成，聚合力者、业无不兴"，团结协作不仅是体育领域的重要精神，更是一切事业成功的"重要基石"，在学习过程中我们以小组为单位，明确职责、分工到位，共同制订实验方案，提高学习效率。

一、组内分工，准备仪器及配制溶液

序号	任务内容	负责人
1	领取精密酸度计、电极、磁力搅拌器等，检查完好情况	
2	领取实验所用的锥形瓶、烧杯、滴定管等玻璃仪器	
3	领取实验所需的化学试剂	
4	配制酚酞指示液	
5	配制氢氧化钠标准滴定溶液	
6	准备恒重的基准邻苯二甲酸氢钾	

二、标定标准溶液和调试酸度计

1. 氢氧化钠标准滴定溶液的标定

测定内容	1	2	3
倾样前的质量/g			
倾样后的质量/g			
邻苯二甲酸氢钾的质量/g			
滴定管初读数/mL			
滴定管终读数/mL			
滴定消耗 NaOH 标准溶液的体积/mL			
滴定管体积校正值/mL			
溶液温度/℃			
溶液温度补正值/(mL/L)			
溶液温度校正值/mL			
实际消耗 NaOH 标准溶液体积，V/mL			
空白试验消耗 NaOH 标准溶液体积，V_0/mL			
NaOH 标准滴定溶液的浓度，c/(mol/L)			
算术平均值，$\bar{c}$/(mol/L)			
平行测定结果的相对极差/%			

2. 调试酸度计及电极

根据仪器说明书,用 pH 值为 4.00 和 9.18 的两种标准缓冲溶液校准酸度计。用 pH 值为 6.86 的缓冲溶液检查,测得值为_____,与标称值对比相差_____,在 ±0.05 个单位范围内。

备注:请根据检测所使用的精密酸度计,认真、详细地阅读相应型号仪器的使用说明书,熟悉其使用方法、操作步骤及仪器的维护等内容。

三、测定酱油中氨基酸态氮,填写检测原始记录

样品名称		检验项目	
检验依据		检验日期	
检验方法		温 度	
检验设备及编号			
标准物质及编号			
标准滴定溶液浓度			

样品名称及编号	样品体积 V/mL	定容体积 V_4/mL	分取体积 V_3/mL	样品消耗标液体积/mL	修正值 $V_{修}$/mL	样品实耗标液体积 V_1/mL	测定值 X_2/(g/100mL)	平均值/(g/100mL)
空白试验								
质控样								
计算公式及其他								
检验人					复核人			

四、关机和结束工作

(1) 精密酸度计:_____
(2) 电极:_____
(3) 玻璃仪器:_____
(4) 其他:_____

> **注意事项**

① 样品测定过程中，滴定速度不宜过快，尤其是接近化学计量点处（pH 为 8.2、9.2），否则体积不准。

② 加入甲醛后放置时间不宜过长，应立即滴定，以免甲醛聚合影响测定结果。

③ 向样品中滴加氢氧化钠标准溶液时，应该用磁力搅拌器进行匀速搅拌，待仪器显示的 pH 值稳定后再读数。

④ 由于铵根离子能与甲醛作用，因此样品中若含有铵盐，会使测定结果偏高。

⑤ pH＝8.2 是试样溶液中所有酸性成分（称为总酸）与 NaOH 标准滴定溶液完全反应后的 pH 值，而 pH＝9.2 是试样溶液中氨基酸羧基与 NaOH 标准溶液完全反应后的 pH 值。本实验用的是 pH＝8.2 和 9.2，由于酱油中存在多种有机酸，所以即使不测定总酸度，也要先将总酸中和，用 pH＝9.2 时 NaOH 标准溶液消耗的体积与 pH＝8.2 时 NaOH 标准溶液消耗的体积之差来计算样品中氨基酸态氮含量。

素质拓展阅读

细致严谨　责任担当

在当今的市场经济环境下，消费者对产品质量的要求越来越高，而分析检验工作正是把好生产质量关、提高产品质量的重要环节。在检验过程中，如发现质量问题或异常现象，应及时汇报，并协同查找原因，妥善处理。

2011 年 5 月，整个台湾食品业经历了一次剧烈"地震"，引起这场"地震"的震源，是一名 52 岁普通女质检员。对于这位两个孩子的杨姓妈妈，领导的评价是"平时粗枝大叶，做起实验却细心得不得了"。而正是她的细心，将在台湾隐藏了 30 年的塑化剂污染事件彻底揭开。

3 月初，杨女士对送检的减肥益生菌进行例行检验，在检测即将结束时，仪器上突然出现了不正常的波峰信号，这引起了她的警惕。细心的她通过进一步检验，发现送检的样品中塑化剂 DEHP［邻苯二甲酸（2-乙基己基）二酯］的浓度高达 600ppm（1ppm＝1mg/kg），远超过台湾人均每日摄入标准 1.029ppm。之后，台湾检方在许多青少年最常吃的食品中陆续查出含有大量塑化剂，并循着益生菌生产厂商提供的线索，最终将塑化剂来源锁定在台湾地区最大的起云剂供应商。至此，这起全球首例塑化剂 DEHP 污染事件彻底曝光于人前。

一、分析实验完成情况

1. 自查操作是否符合规范要求

  (1) 分析天平使用规范（检查、清扫、记录）； □是 □否
  (2) 减量法称取基准物质操作规范（称量瓶倾样）； □是 □否
  (3) 基准物质质量在 0.32～0.40g 范围内； □是 □否
  (4) 用煮沸过的水溶解邻苯二甲酸氢钾，确定溶解完全； □是 □否
  (5) 滴定管使用规范（润洗、赶气泡、调零、读数）； □是 □否
  (6) 滴定终点判断正确（微红色，30s 不褪色）； □是 □否
  (7) 酱油试样移取操作规范（润洗、垂直、靠壁、停留）； □是 □否
  (8) 试液定容准确； □是 □否
  (9) 移取稀释溶液时，移液管洗净、润洗 3 次； □是 □否
  (10) 正确选择和连接电极，酸度计预热 20min； □是 □否
  (11) 调试酸度计及电极方法正确，符合测定要求； □是 □否
  (12) 正确选择测量模式（pH）； □是 □否
  (13) 电极清洗后浸入待测溶液中，位置合适； □是 □否
  (14) 启动搅拌器，速度适宜，搅拌子未触碰电极； □是 □否
  (15) 滴加 NaOH 标准溶液时速度适宜，第一终点 pH 为 8.2； □是 □否
  (16) 仪器数据稳定后，正确读出 pH 值和标液消耗体积； □是 □否
  (17) 继续滴加 NaOH 标准溶液，控制第二终点 pH 为 9.2； □是 □否
  (18) 甲醛取用操作正确； □是 □否
  (19) 正确进行试剂空白试验； □是 □否
  (20) 测量结束后，清洗电极和关闭酸度计电源，妥善保管。 □是 □否

2. 互查实验数据记录和处理是否规范正确

  (1) 记录表各要素填写 □全正确 □有错误，_____处
  (2) 实验数据记录 □无涂改 □规范修改（杠改） □不规范涂改
  (3) 有效数字保留 □全正确 □有错误，_____处
  (4) 氨基酸态氮含量的相关计算 □全正确 □有错误，_____处

3. 自查和互查 7S 管理执行情况及工作效率

	自评	互评
（1）按要求穿戴工作服和防护用品；	□是 □否	□是 □否
（2）实验中，桌面仪器摆放整齐；	□是 □否	□是 □否
（3）安全使用化学药品，无浪费；	□是 □否	□是 □否
（4）废液、废纸按要求处理；	□是 □否	□是 □否
（5）未打坏玻璃仪器；	□是 □否	□是 □否
（6）未发生安全事故（灼伤、烫伤、割伤）等；	□是 □否	□是 □否
（7）实验后，清洗仪器、整理桌面；	□是 □否	□是 □否
（8）在规定时间内完成实验，用时____min。	□是 □否	□是 □否

4. 教师汇总并点评全班实验结果

① 本人标定氢氧化钠溶液的浓度_____，相对极差_____，是否符合重复性要求_____。

② 本人氨基酸态氮测定有效结果的平均值_____，平行测定结果的绝对差值_____，是否符合重复性要求_____。

③ 全班氨基酸态氮测定有效结果的平均值_____，本人测定结果_____（偏高、偏低），相差_____。

④ 小组测得质控样氨基酸态氮含量为_____，质控样氨基酸态氮的实际含量为_____，不确定度范围_____，本次检测是否有效_____。

二、针对存在问题进行练习

练一练

NaOH 标准滴定溶液的标定、酸度计和电极的调试、电位滴定终点控制等。

三、再次实验，并撰写检验报告

根据实验完成情况分析，进一步规范自身操作，减少系统误差和偶然误差，提高分析结果的精密度和可靠性。同时，撰写电子版检验报告，需包含样品编号、检测项目、检测结果、限值、结论等要素，同时说明该任务中有哪些必需的健康和安全措施，以及操作过程中是否需要采取环保措施。

> **素质拓展阅读**

不忘初心，精益求精

2021年5月22日13点07分，"杂交水稻之父"、中国工程院院士、"共和国勋章"获得者袁隆平在湖南长沙逝世，享年91岁。

从壮年直到生命的最后一刻，袁隆平一直保持着对事业的不懈追求和精益求精。尽管已经年迈，他依然奋斗在科研第一线，带领自己的团队进行一轮又一轮的科学实验。几十年来，袁隆平长期"泡"在云南、海南等地的实验田里，赤脚上阵，活脱脱一副农民形象。年纪大了受不了冷水，他就穿着套鞋下田，80多岁后腿脚不方便，他也要到田埂上观察。后来，湖南农科院在他家旁边腾出一块七八分地的实验田。袁老每天早晨起床，第一件事就是去田边看看，不断采集样本收集数据。他在杂交水稻的研究上不断地去追求更优质、更高产、更有适应能力的新品种，在一次又一次试验中不断地检查、改进，向着科研目标不断迈进。正是有着不忘初心，精益求精的工匠精神，袁隆平才会在九十高龄依然奋战在田间地头，依然坚持在杂交水稻研究的前沿，为解决世界人民的温饱问题做出了重要的贡献。

评价与反馈

一、个人任务完成情况综合评价

👁 自评

	评价项目及标准	配分	扣分	总得分
学习态度	1. 按时上、下课，无迟到、早退或旷课现象 2. 遵守课堂纪律，无趴台睡觉、看课外书、玩手机、闲聊等现象 3. 学习主动，能自觉完成老师布置的预习任务 4. 认真听讲，不思想走神或发呆 5. 积极参与小组讨论，发表自己的意见 6. 主动代表小组发言或展示操作	40		

续表

评价项目及标准		配分	扣分	总得分
学习态度	7. 发言时声音响亮、表达清楚,展示操作较规范			
	8. 听从组长分工,认真完成分派的任务			
	9. 按时、独立完成课后作业			
	10. 及时填写工作页,书写认真、不潦草			
	每一项4分,完全能做到的得4分,基本能做到的得3分,有时能做到的得2分,偶尔能做到的得1分,完全做不到的得0分			
操作规范	见活动五 1. 自查操作是否符合规范要求	40		
	一个否定选项扣2分			
文明素养	见活动五 3. 自查7S管理执行情况	15		
	一个否定选项扣2分			
工作效率	不能在规定时间内完成实验扣5分	5		

互评

评价主体		评价项目及标准	配分	扣分	总得分
小组长	学习态度	1. 按时上、下课,无迟到、早退或旷课现象	20		
		2. 学习主动,能自觉完成预习任务和课后作业			
		3. 积极参与小组讨论,主动发言或展示操作			
		4. 听从组长分工,认真完成分派的任务			
		5. 工作页填写认真、无缺项			
		每一项4分,完全能做到的得4分,基本能做到的得3分,有时能做到的得2分,偶尔能做到的得1分,完全做不到的得0分			
	数据处理	见活动五 2. 互查实验数据记录和处理是否规范正确	10		
		一个否定选项扣2分			
	文明素养	见活动五 3. 互查7S管理执行情况	10		
		一个否定选项扣2分			
其他小组	计划制订	见活动三 三、审核实验计划(按小组计分)	10		
	团队精神	1. 组内成员团结,学习气氛好	10		
		2. 互助学习效果明显			
		3. 小组任务完成质量好、效率高			
		按小组排名计分,第一至五名分别计10、9、8、7、6分			
教师	计划制订	见活动三 三、审核实验计划(按小组计分)	5		
	实验完成情况	1. 未出现重大违规操作或损坏仪器	5		
		2. NaOH标准滴定溶液的标定结果有效	5		
		3. 酱油中氨基酸态氮测定符合重复性要求	5		
		4. 小组质控样氨基酸态氮测定符合重复性要求	5		
		5. 小组质控样氨基酸态氮测定结果在不确定度范围内	5		
	检验报告	按要求撰写检验报告,要素齐全,条理清楚,HSE描述符合实际,结果分析合理	10		

二、小组任务完成情况汇报

（1）以小组为单位，组员对自己完成任务的情况进行小结发言，最满意的是什么？最大的不足是什么？改进措施有哪些？

（2）结合小组组员的发言，各组组长针对本组任务完成情况在班级进行汇报。对本组的工作最满意的是什么？存在的主要问题和改进措施有哪些？

素质拓展阅读

客观评价他人的伟大力量

研究表明，人们在评价他人时会受个人喜好和情绪的影响，比如受他人身上的某一些低分特质影响而对其评价较低，又比如和自己关系好而对其评价较高。因此，克服自我心理障碍有利于客观地对他人进行评价，无论这个评价结果如何，人们都更易于接受，在调整和修正过程中获取信心，或者是以成功呼唤更大的成功。

东京奥运会举办期间，调查数据表明，与往届奥运会相比，热情高涨程度显得不足，体现出日本国内对本届奥运会的消极看法；但在闭幕式上，国际奥委会主席巴赫评价：这是一届传递"希望和团结"的奥运会，没有观众，运动员戴着口罩……但忘我的体育精神战胜了时空、战胜了互联网甚至战胜了疾病。巴赫主席的客观评价使得人们从疫情"牢笼"的负面情绪中挣脱出来去拥抱和感受奥运所传递出的梦想、感动和希望，从而获取更多的精神力量去迎接挑战和战胜困难。

拓展专业知识

? 想一想

① 电位滴定法与化学滴定法有什么不同？电位滴定法的基本原理是什么？

② 酸度计法测酱油中氨基酸态氮时，国家标准明确了两个滴定终点的 pH 分别为 8.2 和 9.2，该数值是如何得出的？电位滴定终点的确定方法有哪几种？

③ 电位滴定法主要应用在哪些方面？

④ 自动电位滴定法有哪些优点？

 相关知识

一、电位滴定法

电位滴定法是根据滴定过程中指示电极电位的突跃来确定滴定终点的一种滴定分析方法。

电位滴定法与化学分析法中的滴定法相似，都是根据标准滴定溶液的浓度和消耗体积来计算被测物质的含量，不同之处是判断滴定终点的方法不同。普通的滴定法是利用指示剂颜色的变化来指示滴定终点，而电位滴定则是利用电池电动势的突跃来指示终点。因此电位滴定虽然没有用指示剂确定终点那样方便，但可以用在浑浊、有色溶液以及找不到合适指示剂的滴定分析中。另外，电位滴定的一个诱人的特点是可以连续滴定和自动滴定。

二、电位滴定法的基本原理

进行电位滴定时，在待测溶液中插入一支对待测离子或滴定剂有电极响应的指示电极，并与参比电极组成工作电池。随着滴定剂的加入，由于待测离子与滴定剂之间发生化学反应，待测离子浓度不断变化，造成指示电极电位也相应发生变化。在化学计量点附近，待测离子活度发生突变，指示电极的电位也相应发生突变。因此，测量电池电动势的变化，可以确定滴定终点。最后根据滴定剂浓度和终点时滴定剂消耗体积计算试液中待测组分含量。

电位滴定法不同于直接电位法，直接电位法是以所测得的电池电动势（或其变化量）作为定量参数，因此其测量值的准确与否直接影响定量分析结果。电位滴定法测量的是电池电动势的变化情况，它不以某一电动势的变化量作为定量参数，只根据电动势变化情况确定滴定终点，其定量参数是所消耗的滴定剂的体积，因此在直接电位法中影响测定的一些因素，如不对称电位、液接电位、电动势测量误差等在电位滴定中可以抵消。

三、电位滴定终点的确定方法

电位滴定法与化学分析法的区别是终点确定方法不同。化学分析法中的滴定是利用指示剂颜色变化来指示滴定终点，而电位滴定则是利用电池电动势的突跃来确定终点，因此电位滴定虽然没有用指示剂确定终点方便，但可以用在浑浊、有色溶液以及找不到合适指示剂的滴定分析中。电位滴定终点的确定方法通常有三种，即 E-V 曲线法、$\Delta E/\Delta V$-V 曲线法和二阶微商法。

表 3-1 列出的是以银电极为指示电极，饱和甘汞电极为参比电极，用 0.1000mol/L $AgNO_3$ 溶液滴定 NaCl 溶液的实验数据。

表 3-1　以 0.1000mol/L $AgNO_3$ 溶液滴定含 Cl^- 溶液的实验数据

加入 $AgNO_3$ 的体积, V/mL	电极电位 E/mV	$V_{均}$/mL	$\Delta E/\Delta V$	$\overline{V}_{均}$/mL	$\Delta^2 E/\Delta V^2$
0.00	83.00				
5.01	96.00	2.51	2.59		
10.00	116.00	7.51	4.01	5.01	0.28
13.80	161.00	11.90	11.84	9.70	1.78
13.91	164.00	13.86	27.27	12.88	7.89
14.11	172.00	14.01	40.00	13.93	82.11
14.20	177.00	14.16	55.56	14.08	107.28
14.29	183.00	14.25	66.67	14.20	123.46
14.41	194.00	14.35	91.67	14.30	238.10
14.50	209.00	14.46	166.67	14.40	714.29
14.60	242.00	14.55	330.00	14.50	1719.30
14.70	306.00	14.65	640.00	14.60	3100.00
14.79	328.00	14.75	244.44	14.70	−4163.74
14.89	340.00	14.84	120.00	14.79	−1309.94
14.99	348.00	14.94	80.00	14.89	−400.00
15.10	356.00	15.05	72.73	14.99	−69.26
17.00	393.00	16.05	19.47	15.55	−52.99
19.00	408.00	18.00	7.50	17.03	−6.14

注：1. $V_{均} = (V_2 + V_1)/2$。
2. $\Delta E/\Delta V = (E_2 - E_1)/(V_2 - V_1)$。
3. $\overline{V}_{均} = (V_{均2} + V_{均1})/2$。
4. $\Delta^2 E/\Delta V^2 = [(\Delta E/\Delta V)_2 - (\Delta E/\Delta V)_1]/(V_{均2} - V_{均1})$。

1. E-V 曲线法

以加入滴定剂的体积 V（mL）为横坐标，以相应的电动势 E（mV）为纵坐标，绘制 E-V 曲线。

E-V 曲线上的拐点（曲线最大斜率处）所对应的滴定体积即为终点时滴定剂所消耗的体积（V_{ep}）。拐点的位置可用下面的方法来确定：做两条与横坐标成 45°的 E-V 曲线的平行切线，并在两条切线间作一与两切线等距离的平行线（见图 3-4），该线与 E-V 曲线交点即为拐点。从图 3-4 中可读出化学计量点时 $V_{ep}=14.60\text{mL}$。

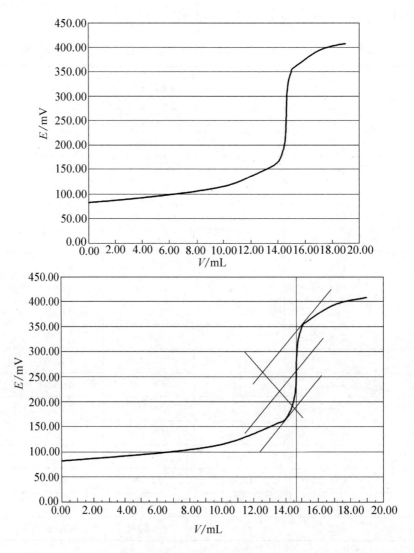

图 3-4　E-V 曲线

E-V 曲线法适于滴定曲线对称的情况，而对滴定突跃不十分明显的体系误差大。

2. $\Delta E/\Delta V$-$V_{均}$ 曲线法

此法又称一阶微商法。$\Delta E/\Delta V$ 是 E 的变化值与相应的加入标准滴定溶液体积的增量的比。将 $V_{均}$ 对 $\Delta E/\Delta V$ 作图，可得到一条峰状曲线（见图 3-5），曲线最高点由试验点连线外推得到,其对应的体积为滴定终点时标准滴定溶液所消耗的体积(V_{ep})。从图 3-5 中可读出化学计量点时 $V_{ep}=14.64\text{mL}$。用此法作图确定终点比较准确,但手续较复杂。

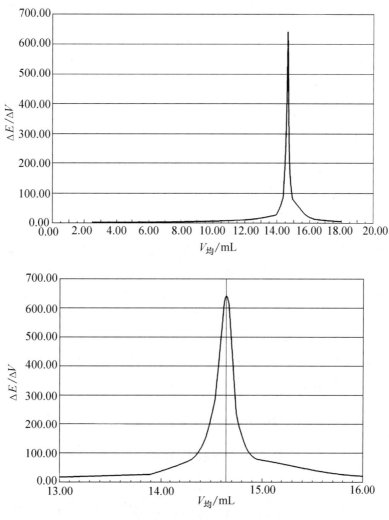

图 3-5 $\Delta E/\Delta V$ -$\overline{V}_{均}$ 曲线

3. 二阶微商法

此法依据是一阶微商曲线的极大点对应的是终点体积,则二阶微商($\Delta^2 E/\Delta V^2$)等于零时所对应的体积也是终点体积。二阶微商法有作图法和计算法,但实际工作中一般多采用二阶微商计算法求得。

(1)作图法 以 $\Delta^2 E/\Delta V^2$ 对 $\overline{V}_{均}$ 作图,得到如图 3-6 所示的曲线,曲线最高点与最低点连线与横坐标的交点即为滴定终点体积。从图中可读出化学计量点时 $V_{ep}=14.64\text{mL}$。

(2)计算法 终点时滴定体积采用二阶微商为零前、后两点的数值,通过内

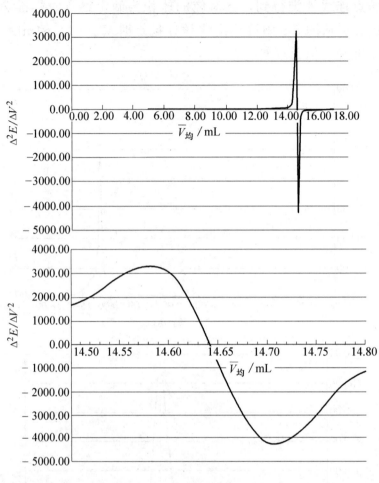

图 3-6 $\Delta^2 E/\Delta V^2$-$\overline{V}_{均}$ 曲线

插法进行计算。如表 3-1 所示,终点体积应该在 14.60mL 和 14.70mL 之间。

$$V_{\mathrm{ep}} = V_1 + (V_2 - V_1) \times \frac{\left(\dfrac{\Delta^2 E}{\Delta V^2}\right)_1}{\left(\dfrac{\Delta^2 E}{\Delta V^2}\right)_1 + \left|\left(\dfrac{\Delta^2 E}{\Delta V^2}\right)_2\right|}$$

$$= 14.60 + (14.70 - 14.60) \times \frac{3100.00}{3100.00 + 4163.74}$$

$$= 14.64 \text{ (mL)}$$

四、电位滴定法的应用

电位滴定法在滴定分析中应用非常广泛,除能用于各类滴定分析外,还能用以测定一些化学常数,如酸(碱)的离解常数、电对的条件电位等。表 3-2 列出电位滴定法在各类滴定分析中的部分应用。

表 3-2　电位滴定法在各类滴定分析中的部分应用

滴定方法	参比电极	指示电极	应用举例
酸碱滴定	饱和甘汞电极	玻璃电极 锑电极	在醋酸(HAc)介质中，用 $HClO_4$ 溶液滴定吡啶；在乙醇介质中，用 HCl 滴定三乙醇胺
沉淀滴定	饱和甘汞电极 玻璃电极	银电极 汞电极	用 $AgNO_3$ 滴定 Cl^-、Br^-、I^-、SCN^-、S^{2-}、CN^- 等； 用 $HgNO_3$ 滴定 Cl^-、I^-、SCN^- 和 $C_2O_4^{2-}$ 等
氧化还原滴定	饱和甘汞电极 钨电极	铂电极	$KMnO_4$ 滴定 I^-、NO_2^-、Fe^{2+}、V^{4+}、Sn^{2+}、$C_2O_4^{2-}$ 等； $K_2Cr_2O_7$ 滴定 I^-、Fe^{2+}、Sn^{2+}、Sb^{3+}； $K_3[Fe(CN)_6]$ 滴定 Co^{2+}
配位滴定	饱和甘汞电极	汞电极 铂电极	用 EDTA 滴定 Cu^{2+}、Zn^{2+}、Ca^{2+}、Mg^{2+} 和 Al^{3+} 等多种金属离子

五、自动电位滴定法简介

用人工操作进行滴定并随时测量、记录滴定电池的电位，最后通过绘图法或计算法来确定终点的方法麻烦且费时。随着电子技术和自动化技术的发展，出现了以仪器代替人工滴定的自动电位滴定仪。

自动电位滴定仪确定终点的方式通常有三种，第一种是保持滴定速度恒定，自动记录完整的 E-V 滴定曲线，然后再根据前面介绍的方法确定终点。第二种是将滴定电池两极间电位差同预设值的某一终点电位差相比较，两信号差值经放大后用来控制滴定速度。接近终点时滴定速度降低，终点时自动停止滴定，最后由滴定管读取终点滴定剂消耗体积。第三种是基于在化学计量点时，滴定电池两极间电位差的二阶微分值由大降至最小，从而启动继电器，并通过电磁阀将滴定管的滴定通路关闭，再从滴定管上读出滴定终点时滴定剂消耗体积。这种仪器不需要预先设定终点电位就可以进行滴定，自动化程度高。

　　　　　　练习题

一、单项选择题

1. 在电位滴定法实验操作中，滴定进行至近化学计量点前后时，应每滴加（　　）标准滴定溶液测量一次电池电动势（或 pH）。
   A. 0.1mL　　　　　B. 0.5mL　　　　　C. 1mL　　　　　D. 0.5~1 滴

2. 在电位滴定中，以 $\Delta E/\Delta V$-V 作图绘制曲线，滴定终点为（　　）。
   A. 曲线突跃的转折点　　　　　B. 曲线的最大斜率点
   C. 曲线的最小斜率点　　　　　D. 曲线的斜率为零时的点

3. 在电位滴定中，以 E-V（E 为电位，V 为滴定剂体积）作图绘制滴定曲线，滴定终点为（　　）。
   A. 曲线突跃的转折点　　　　　B. 曲线的最小斜率点

C. 曲线的最大斜率点　　　　　　　　D. 曲线的斜率为零时的点

4. 在自动电位滴定法测 HAc 的实验中，自动电位滴定仪中控制滴定速率的机械装置是（　　）。

　A. 搅拌器　　　　B. 滴定管活塞　　　C. 酸度计　　　　D. 电磁阀

5. 电位滴定与容量滴定的根本区别在于（　　）。

　A. 滴定仪器不同　　　　　　　　　　B. 指示终点的方法不同

　C. 滴定手续不同　　　　　　　　　　D. 标准溶液不同

6. 在电位滴定中，以 $\Delta^2 E/\Delta V^2$-V（E 为电位，V 为滴定剂体积）作图绘制滴定曲线，滴定终点为（　　）。

　A. $\Delta^2 E/\Delta V^2$ 为最正值时的点　　　B. $\Delta^2 E/\Delta V^2$ 为负值的点

　C. $\Delta^2 E/\Delta V^2$ 为零时的点　　　　　D. 曲线的斜率为零时的点

7. 电位滴定法是根据（　　）来确定滴定终点的。

　A. 指示剂颜色变化　B. 电极电位　　　C. 电位突跃　　　D. 电位大小

8. 用电位滴定法测定卤素时，滴定剂为 $AgNO_3$，指示电极用（　　）。

　A. 银电极　　　　B. 铂电极　　　　C. 玻璃电极　　　D. 甘汞电极

二、判断题

1. 电位滴定分析重点是终点体积的确定，可根据电位滴定（数据）曲线进行分析。（　　）
2. 用电位滴定法进行氧化还原滴定时，通常使用 pH 玻璃电极作指示电极。（　　）
3. 实验室用酸度计和离子计型号很多，但一般均由电极系统和高阻抗毫伏计、待测溶液组成原电池、数字显示器等部分构成。（　　）
4. 自动电位滴定仪主要由电池、搅拌器、测量仪表、自动滴定装置四部分组成。（　　）
5. 用电位滴定法确定 $KMnO_4$ 标准滴定溶液滴定 Fe^{2+} 的终点，以铂电极为指示电极，以饱和甘汞电极为参比电极。（　　）

三、计算题

用 0.1052mol/L NaOH 标准溶液电位滴定 25.00mL HCl 溶液，以玻璃电极作指示电极，饱和甘汞电极作参比电极，测得以下数据：

V(NaOH)/mL	0.55	24.50	25.50	25.60	25.70	25.80	25.90	26.00	26.10	26.20	26.30	26.40	26.50	27.00	27.50
pH	1.70	3.00	3.37	3.41	3.45	3.50	3.75	7.50	10.20	10.35	10.47	10.52	10.56	10.74	10.92

计算：（1）用二阶微商计算法确定滴定终点消耗 NaOH 标准溶液体积；

（2）计算 HCl 溶液浓度。

───────── 阅读材料

酱油

酱油是中国传统的调味品，是用大豆或脱脂大豆或黑豆、小麦或麸皮，加入水、食盐酿造而成的液体调味品,色泽呈红褐色,有独特酱香,滋味鲜美,有助于促进食欲。

酱油中含有17种人体不能合成的氨基酸,还含有B族维生素和安全无毒的棕红色素。酱油主要由大豆、淀粉、小麦、食盐经过制油、发酵等程序酿制而成。酱油的成分比较复杂,除盐氨基酸外,还含糖类、有机酸、色素及香料,以咸味为主,亦有鲜味、香味等。它能改善菜肴的口味,还能改变菜肴的色泽。

酱油可用于水、火烫伤和蜂、蚊等虫的蜇伤,并能止痒消肿。曾经有人报道日本人胃癌发病率低是因为日本人爱吃酱油。后来美国威斯康星大学的研究报告肯定了这一说法。科研人员给老鼠喂致癌物亚硝酸盐,同时又喂酱油,结果发现酱油吃得越多的老鼠,患胃癌的概率越低。亚洲国家妇女的乳腺癌发病率较低,而这类恶性肿瘤在美国则多见。专家分析,这可能与亚洲妇女使用酱油量较欧美国家妇女高出30~50倍,吸收了较多异黄酮有关。恶性肿瘤的生长需要依靠新血管输送养分,异黄酮能防止新的血管生成,从而使肿瘤的生长受阻。

素质拓展阅读

振兴中华是我最高的理想和追求

1952年汪尔康从大学毕业,怀着满腔热忱从美丽的江南前往贫瘠的东北,义无反顾地投身于祖国建设的大潮中。

为什么选择去东北?他回答道:"到最艰苦的地方去,我们不讲条件,反倒觉得很有激情,因为这是'国家需求'。"

办公室、图书馆、家,是他三点一线的生活;五加二、白加黑,他从来没有休息日。满布四周的书柜是他办公室里唯一的装饰,已被翻得发旧的书籍是为了国家需求而奋斗的最好见证。

通过收听本则故事,请同学们思考以下几个问题:

① 汪尔康为什么拒绝国外导师的邀请并放弃丰厚待遇,坚持回到祖国最艰苦的东北?

② 为什么汪尔康立志"把耽误的时间补回来"?"耽误的时间"指的是耽误了什么时间?

③ 汪尔康曾说"振兴中华是我最高的理想和追求",请同学们结合自身谈谈自己有着怎样的理想和追求?

学习任务四　工业盐酸中铁含量的测定

食物中的蛋白质、糖类、脂肪等大分子的营养物质是不溶于水的，必须在消化道内变成小分子的能溶于水的物质后，才能被消化道壁吸收。人体胃中的胃腺可分泌胃液，胃液的主要成分之一是盐酸（也称胃酸），胃酸在食物的消化过程中起着极其重要的作用：能杀死随食物及水进入胃内的细菌；使食物中的蛋白质变性，易于被消化；与钙和铁结合，形成可溶性盐，促进小肠对它们的吸收；等等。胃酸的量不能过多，否则会对胃以及肠道造成伤害，严重时会引发胃溃疡或者肠道炎症。当胃酸过多时医生通常用"小苏打片""胃舒平"等药物进行治疗。

盐酸是无色液体，工业用盐酸因含有杂质三价铁盐而略显黄色。日常生活中，利用盐酸可以与难溶性碱反应的性质，制取洁厕灵、除锈剂等日用品。工业生产中，盐酸作为重要的无机化工原料，广泛用于医药、食品、印染、皮革、冶金等行业，也大规模用于制备许多无机盐（例如作为焊药的氯化锌）和有机化合物（例如合成PVC塑料的原料氯乙烯）。食品级盐酸可用于生产明胶及其他食品添加剂，例如阿斯巴甜、果糖、柠檬酸等。工业上生产盐酸的主要方法是使氯气与氢气直接化合，然后用水吸收生成的氯化氢气体；或由工业生产有机物得到的副产品氯化氢溶于水而得。全球每年生产约两千万吨的盐酸，由于盐酸在工业加工中应用广泛，所以对许多产品的质量起决定性作用。

任务描述

按生产要求，生产部门（分厂或车间）根据产品入库情况填写委托单，按每班次或每天委托质监部成品分析岗位的化验员到各成品储槽或仓库取样。化验员在交接班后带好防护用具和取样工具到现场按标准取样，拿回化验室混匀后分装到试样瓶中，贴标签，一份待检、一份留样备查。化验员在规定工时内按照国家标准或行业标准提供的检验方法分别测定主要成分及所含杂质的含量，及时填写并保存各种原始记录单；检验结果合格的出具报告单送生产车间和销售部。检验结果如有一项指标不符合要求，必须重新加倍采取代表性的样品进行复检，复检结果中仍有一项指标不符合要求，则该批产品为不合格品，须填写不合格品反馈单送生产部门、销售部和主管领导进行处理。

某氯碱企业盐酸生产车间新生产出一批工业盐酸，出厂前需检测产品中氯化氢和杂质的含量，根据检测数据确定产品等级。作为成品组的当班化验员，你接到的检测任务之一是测定工业盐酸中铁的含量。请你按照 GB 320—2006《工业用合成盐酸》标准要求，制订检测方案，完成分析检测，并出具检测报告。要求在取样当日完成该批次盐酸各项目的检测，取平行测定结果的算术平均值为报告结果，其中铁的平行测定结果之差的绝对值不大于 0.0005％。工作过程符合 7S 规范。

任务目标

完成本学习任务后，应当能够：

① 了解工业盐酸的生产工艺，认识铁盐的常用测定方法，并简述分光光度法测铁含量的基本原理；

② 简述分光光度法的基本原理，并按仪器使用说明书正确使用可见分光光度计测定溶液吸光度；

③ 根据任务单要求，依据国家标准以小组为单位制订实验计划，在教师引导下进行可行性论证；

④ 按组长分工，相互配合完成盐酸羟胺、邻二氮菲、铁标准储备液等溶液的配制；

⑤ 按操作规范要求，独立完成标准系列溶液的配制和试样溶液的制备，测定吸光度后绘制工作曲线，计算工业盐酸中铁含量，并应用电脑撰写检验报告；

⑥ 陈述影响显色反应的主要因素，以及测定条件的选择依据；

⑦ 结合任务完成情况，客观地进行自评和互评；

⑧ 严格遵守 7S 管理，结合该任务做好健康、安全与环保相关措施。

参考学时

34 学时

一、识读检验委托单

样品检验委托单

样品名称:工业盐酸	生产日期:2021/12/25
批号:2021122502	产品等级:一等品
规格:100m³/槽	件数:1
总量:80t	样品存放地点:2#盐酸成品贮槽
采样员:黄晓丽	检验项目:铁的质量分数、……
采样时间:2021/12/26　9:00	备注:

二、列出任务要素

（1）检测对象_____　　（2）分析项目_____

（3）样品等级_____　　（4）取样地点_____

（5）检验依据标准_____

小知识

1. 盐酸的性质

盐酸是氯化氢（HCl）的水溶液，属于一元无机强酸，其性状为无色透明的液体，有强烈的刺鼻气味和较强的腐蚀性。浓盐酸（质量分数约为37%）具有极强的挥发性，挥发出的氯化氢气体与空气中的水蒸气作用形成盐酸小液滴，可以看到白雾。盐酸与水、乙醇任意混溶，浓盐酸稀释有热量放出。

2. 盐酸使用注意事项

使用盐酸时，应穿戴个人防护装备，如橡胶手套或聚氯乙烯手套、护目镜、耐化学品的衣物和鞋子等，以降低直接接触盐酸所带来的危险。远离易燃、可燃物，避免与碱类、胺类、碱金属接触。搬运时要轻装轻卸，防止包装及容器损坏。实验室取用盐酸时应在通风橱中进行。

3. 采样要求

① 产品按批检验。生产企业以每一成品槽或每一生产周期生产的工业用合成盐酸为一批。用户以每次收到的同一批次的工业用合成盐酸为一批。

② 工业用合成盐酸从槽车或贮槽中采样时，宜用 GB/T 6680—2003 中规定的适宜的耐酸采样器自上、中、下三处采取等量的代表性样品。生产企业也可将槽车或贮槽内的工业用合成盐酸混匀后于采样口采取有代表性样品，进行检测。

③ 工业用合成盐酸从塑料桶或陶瓷坛中采样时，按 GB/T 6678—2003 中规定的采样单元数随机抽样，拆开包装，宜采用 GB/T 6680—2003 中规定的适宜耐酸采样器自上、中、下三处采取等量的代表性样品。

④ 将采取的样品混匀，装于清洁、干燥的塑料瓶或具磨口塞的玻璃瓶中，密封。要求样品量不少于 500mL，样品瓶上贴标签并注明生产企业名称、产品名称、批号或生产日期、采样日期及采样人。

4. 储存和运输要求

分装的盐酸应储存于阴凉、干燥、通风良好的库房，室温不超过 30℃，相对湿度不超过 85%，保持容器密封。应与碱类、胺类、碱金属、易燃物或可燃物分开存放，切忌混储。储区应备有泄漏应急处理设备和合适的收容材料。

运输时，供应厂商必须使用具有消防部门易燃易爆化学品准运证的专用车辆，由经过消防安全培训的驾驶员驾驶，并有持有化学危险品押运证的押运员跟车。运输途中应防曝晒、雨淋、防高温。公路运输时要按规定路线行驶，勿在居民区和人口稠密区停留。

素质拓展阅读

人才有高下，知物由学。学之乃知，不问不识。
——［东汉］王充《论衡·实知》

释义：人的才能有高下之分，要想了解事物就得开始学习。通过学习才能得到知识，不请教发问就不会有所认识。

这句话说明人的能力、知识不是先天就有的，必须通过学习才能获得。三人行必有我师，向他人学习是我们掌握知识技能必不可少的方法。同时告诫我们，不能闭门造车，要不断地向他人请教以获得更多的学问知识。一是应向有广博见识的人学习；二是向有实际经验的人学习。

梦想从学习开始，事业靠本领成就。青年人要自觉加强学习，不断增强本领，为实现中华民族伟大复兴而努力。

一、认识工业盐酸的生产工艺

 看一看

1. 概述

工业盐酸是指工业生产所得浓度为 30% 或 36% 的盐酸,因混有 Fe^{3+} 而呈微黄色。盐酸有强烈的腐蚀性,能腐蚀金属,对动植物纤维和人体肌肤均有腐蚀作用。在我国的"三酸两碱"生产中,盐酸是生产工艺变化较大的一种,其生产工艺主要有合成法和副产法。建国初期,我国盐酸产量仅 0.3 万吨,全部采用合成法生产,主要用于化学试剂及食品等很少几个领域。改革开放后,我国氯碱工业和盐酸下游行业的迅速发展,为我国的盐酸工业提供了良好的发展环境和空间,2000 年盐酸产量已超 400 万吨,2020 年达到 900 多万吨。在生产方面,除氯碱行业外,化肥、农药、聚酯等行业作为副产盐酸的新生力量发展迅猛。在消费领域,随着有机合成工业的发展,盐酸用途更加广泛,制药、矿石选矿处理、化工、饲料添加剂、净水剂、稀土等下游行业对盐酸的需求量增长迅猛。

2. 盐酸的工业制法

工业合成盐酸,主要是利用氯碱工业生产的氯气和氢气反应生成氯化氢,再用水吸收制得。具体过程如下。

① 将饱和食盐水进行电解,在阴极附近生成氢氧化钠溶液,在阴极和阳极分别有氢气和氯气产生。主要化学反应方程式为:

$$2NaCl + 2H_2O \longrightarrow 2NaOH + Cl_2\uparrow + H_2\uparrow$$

② 在反应器(合成塔)中先通入过量的氢气并点燃,然后通入氯气进行反应,制得氯化氢气体,并放出大量热量。化学反应方程式为:

$$Cl_2 + H_2 \longrightarrow 2HCl\uparrow$$

在氯气和氢气的反应过程中,有毒的氯气被过量的氢气所包围,使氯气得到充分反应,防止了其对空气的污染。

③ 氯化氢气体冷却后用水吸收成为盐酸。

3. 生产工艺流程

（1）氯碱工业生产流程示意图　氯碱工业生产流程示意图如图 4-1 所示。

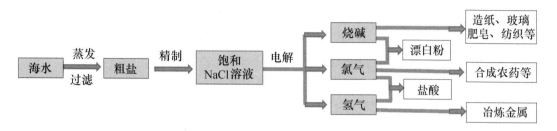

图 4-1　氯碱工业生产流程示意图

（2）盐酸生产工艺流程图　盐酸的生产工艺流程图（示例）和主要设备见图 4-2 及图 4-3。

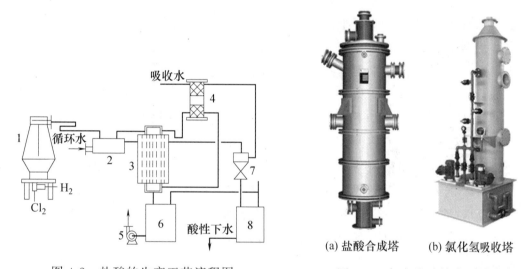

图 4-2　盐酸的生产工艺流程图
1—合成炉；2—石墨冷却器；3—膜式吸收塔；4—尾部吸收塔；
5—返酸泵；6—盐酸计量槽；7—水流泵；8—废水槽

图 4-3　合成盐酸的主要设备

写一写

① 在化肥、农药、有机化合物生产中为何能副产盐酸？分别举例说明。

② 工业盐酸中为何会混有铁盐？Fe^{3+} 的存在对盐酸品质有何影响？

二、认识铁盐含量的测定方法

铁是人体必需的微量元素之一，人体内铁的总量为 4～5g，是构成血红蛋白、细胞色素和其他酶系统的主要成分。补铁的最好方法是通过饮食补给，尽可能选择含铁丰富的食物，比如动物肝脏、精肉、鸡鸭血、蛋黄、鱼、黑木耳、菠菜、乳类及豆制品等。此外，用铸铁锅煮番茄或其他酸性食物，也可增添铁质，锅会把有益于健康的铁渗入食物内。铁在自然界中分布较广，仅次于氧、硅、铝，位居地壳元素含量第四，铁和铬、锰在工业上统称为"黑色金属"。铁是较为活泼的金属，所以在自然界中以化合态形式存在，常见的铁矿石有赤铁矿（Fe_2O_3）、磁铁矿（Fe_3O_4）、菱铁矿（$FeCO_3$）、黄铁矿（FeS_2）等。

化工生产中为了将原料加工成产品，需要经过原料预处理、化学反应以及反应产物的分离和精制等一系列化工过程，实现这些过程所用的化工机械设备主要由碳钢或不锈钢制成。例如，工业盐酸生产中，输送 Cl_2、HCl 气体的管道以及反应容器多为铁制，尽管这些铁制器皿已经过防腐处理，但仍难免有微量 Fe 发生反应生成 $FeCl_3$ 而混入 HCl 中，故使盐酸呈黄色，从而影响工业盐酸的品质。

铁的测定通常采用重铬酸钾滴定法、邻二氮菲比色法、原子吸收光谱法等。重铬酸钾滴定法适用于含铁量较高的样品测定，比色法和原子吸收光谱法适用于微量铁的定量测定。

1. 滴定分析法

测定铁矿石中铁的含量最常用的方法是重铬酸钾滴定法。经典的氯化亚锡-氯化汞-重铬酸钾法准确、简便，但所用氯化汞是剧毒物质，会严重污染环境，为了减少环境污染，现在较多采用三氯化钛-重铬酸钾法。即试样分解完全后，在其热溶液中加入 $SnCl_2$ 将大部分 Fe^{3+} 还原为 Fe^{2+}，溶液由红棕色变为浅黄色，然后再以 Na_2WO_4 为指示剂，用 $TiCl_3$ 将剩余的 Fe^{3+} 全部还原成 Fe^{2+}，当 Fe^{3+} 定量还原为 Fe^{2+} 之后，过量 1～2 滴的 $TiCl_3$ 使溶液中的 Na_2WO_4 还原为蓝色的五价钨化合物（俗称钨蓝），滴入少量 $K_2Cr_2O_7$ 使过量的 $TiCl_3$ 氧化，至"钨蓝"刚好褪色，此时试液中的 Fe^{3+} 已被全部还原为 Fe^{2+}。主要化学反应方程式为：

$$2Fe^{3+} + Sn^{2+} \longrightarrow Sn^{4+} + 2Fe^{2+}$$
$$Fe^{3+} + Ti^{3+} + H_2O \longrightarrow Fe^{2+} + TiO^{2+} + 2H^+$$

在硫酸-磷酸混合酸介质中，以二苯胺磺酸钠作指示剂，用重铬酸钾标准滴定溶液滴定试液中的亚铁离子（Fe^{2+}），溶液由无色经绿色变成蓝紫色即为终点。根据重铬酸钾标准滴定溶液的浓度和滴定消耗体积即可计算总铁含量。化学反应式为：

$$6Fe^{2+} + Cr_2O_7^{2-} + 14H^+ \longrightarrow 6Fe^{3+} + 2Cr^{3+} + 7H_2O$$

若只测定试样中的 Fe^{2+} 含量，则不需将试样中的 Fe^{3+} 还原成 Fe^{2+}，直接在硫酸-磷酸混合溶液中用 KCr_2O_7 标准滴定溶液滴定 Fe^{2+} 即可。

2. 比色法

比色法是通过比较待测溶液本身的颜色或加入试剂后呈现的颜色的深浅来测定溶液中待测物质的浓度的方法。由于大多数物质的溶液是无色的，或颜色比较浅，实验一般包括两个步骤：首先是选择适当的显色试剂与待测组分反应，形成有色化合物，然后再比较有色化合物的颜色深浅或测量有色化合物的吸光度。溶液越浓，颜色越深，对某一波长单色光的吸收程度越强。最早应用的目视比色法，由于用肉眼观察颜色的深浅误差较大，后来利用光电池或光电管为检测器来区别颜色的深浅，现在多采用具有分光系统（单色器）及检测器（光电倍增管）的分光光度法，具有灵敏度高、结果准确、设备价格低廉、操作简单、分析速度快等特点。大部分无机离子和许多有机物质的微量成分都可以用分光光度法进行测定。

（1）目视比色法　动物血清、血浆中铁含量的快速测定可使用铁含量测定试剂盒（如图4-4所示）。在酸性溶液和还原剂的作用下，运铁蛋白中铁与蛋白分离，使血清中的 Fe^{3+} 还原成 Fe^{2+}，Fe^{2+} 与双吡啶结合成粉红色的络合物，在一定范围内，铁离子的多少与色泽成正比。

（2）分光光度法　用分光光度法测定试样中的微量铁，可用的显色剂有邻二氮菲、磺基水杨酸、硫氰酸钾等。其中，邻二氮菲使用较为广泛，习惯称为邻二氮菲比色法，该法具有高灵敏度、高选择性、稳定性好、干扰易消除等优点。在 pH 为 2～9 的条件下（通常在 pH 为 5 的 HAc-

图 4-4　铁含量测定试剂盒

NaAc 缓冲溶液中），亚铁离子与邻二氮菲反应生成橙红色的配合物，然后在波长 510nm 处用分光光度计测定吸光度来进行定量。实际应用中常加入还原剂（盐酸羟胺或抗坏血酸）将 Fe^{3+} 还原为 Fe^{2+}，再加入邻二氮菲发生显色反应。

3. 原子吸收光谱法

原子吸收光谱法（AAS）是基于物质所产生的原子蒸气对特定谱线（通常是待测元素的特征谱线）的吸收作用来进行定量分析的一种方法。在微量和痕量元素分析中应用广泛，可以直接测定 70 多种金属元素，具有检出限低、准确度高、选择性好、分析速度快等优点，但存在样品前处理麻烦、仪器设备价格昂贵、必须使用不同元素灯、对操作人员的技术要求较高等局限性。原子吸收分光光度计如图 4-5 所示。

图 4-5 原子吸收分光光度计

要测定试液中铁离子含量，先将试液喷射成雾状进入燃烧火焰中，含铁盐的雾滴在火焰温度下挥发并离解为铁原子蒸气。再用铁空心阴极灯作光源，辐射出波长为 248.3nm 的铁的特征谱线，当通过一定厚度的铁原子蒸气时，部分谱线被蒸气中的基态铁原子吸收而减弱。由于基态原子蒸气的吸光度与试液中待测元素的浓度成正比，通过单色器和检测器测得铁特征谱线被减弱的程度，即可求得试样中铁的含量。

写一写

① 工业盐酸中铁含量的测定采用什么方法？为什么？

② 为什么自然界中的物质会呈现五颜六色？有色物质对光的吸收程度与物质含量有何关系？

三、认识分光光度法的基本原理

看一看

应用分光光度计,根据物质对不同波长的单色光的吸收程度不同而对物质进行定性和定量分析的方法称为分光光度法(又称吸光光度法)。分光光度法中,按所用光的波谱区域不同,又可分为可见分光光度法(400~780nm)、紫外分光光度法(200~400nm)和红外分光光度法($3×10^3$~$3×10^4$nm)。其中紫外分光光度法和可见分光光度法合称紫外-可见分光光度法。因此,紫外-可见分光光度法是基于物质对光的选择性吸收建立起来的一种光学分析方法。

1. 物质颜色的产生

物质呈现的颜色与它吸收的光的颜色有一定关系。白色光(阳光或灯光)照射到物质表面以后,一部分光被吸收,一部分光反射回来,人们看到的颜色实质就是反射光的颜色。白色光是一种复合光,由红、橙、黄、绿、青、蓝、紫七种单色光按一定比例混合而成,其中红与青、橙与青蓝、黄与蓝、绿与紫为互补光(按一定强度比混合得到白光,见图4-6)。一束白光,如果被物质吸收了某种光,人们看到的颜色就是它的互补光的颜色。如吸收了红光,看到的

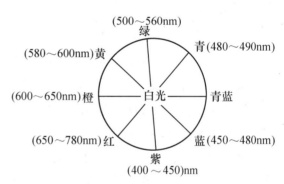

图4-6 光的互补色示意图

就是青色;吸收了紫色,看到的就是绿色;如果全被吸收,看到的就是黑色;如果都不被吸收,看到的就是白色;如果透过所有颜色的光,则为无色。

透明物体的颜色是由它透过的色光决定的,如当白光通过硫酸铜溶液时,铜离子选择性地吸收了部分黄色光,使透射光中的蓝色光不能完全互补,于是硫酸铜溶液就呈现出蓝色。此外,溶液颜色的深浅,决定于溶液吸收光的量的多少,即取决于吸光物质的浓度大小。如硫酸铜溶液的浓度越高,则对黄色光吸收就越多,表现为透过的蓝色光越强,溶液的蓝色也就越深。因此可以通过比较物质溶液颜色的深浅来确定溶液中吸光物质含量的多少,这是比色法的依据。

2. 光吸收定律

光吸收定律是紫外-可见分光光度法的理论依据,又称朗伯-比尔定律。朗伯

发现一束平行的单色光通过浓度一定的溶液时,在入射光的波长、强度及溶液的温度等条件不变的情况下,溶液对光的吸收程度与溶液的液层厚度(b)成正比。其数学表达式为:$A=kb$。

比尔在朗伯定律的基础上研究了有色溶液的浓度与吸光度的关系,指出:当一束平行的单色光通过液层厚度一定的溶液时,在入射光的波长、强度及溶液的温度等条件不变的情况下,溶液对光的吸收程度与溶液的浓度(c)成正比。其数学表达式为:$A=k'c$。

结合朗伯和比尔的研究结论,得出:当一束平行单色光垂直入射通过均匀、透明的稀溶液时,溶液对光的吸收程度与溶液浓度和液层厚度的乘积成正比。这就是朗伯-比尔定律,其数学表达式为:$A=Kbc$(比例常数 K 称为吸光系数,与入射光波长、物质性质和溶液温度等因素有关)。

溶液对光的吸收程度(称为吸光度,用 A 表示)与溶液对光的透射程度(称为透射比,用 τ 表示)的关系式为:$A=-\lg\tau$。

3. 定量方法

紫外-可见分光光度法的最广泛和最重要的用途是进行微量组分的定量分析,它在工业生产和科学研究中都占有十分重要的地位。如果样品中的吸光组分是单组分,并且遵守光的吸收定律,那么只要在最大吸收波长处(光吸收程度最大处所对应的波长,以 λ_{max} 表示),选择适当的参比溶液,测量试液的吸光度,就可用工作曲线法或比较法求出吸光组分的浓度。

(1) 工作曲线法 在某一特定波长条件下,由分光光度计分别测出一系列不同浓度标准溶液的吸光度,以吸光度(A)为纵坐标,相应的溶液浓度(c)为横坐标,可作出一条直线,称为工作曲线(又称标准曲线),如图 4-7。在测

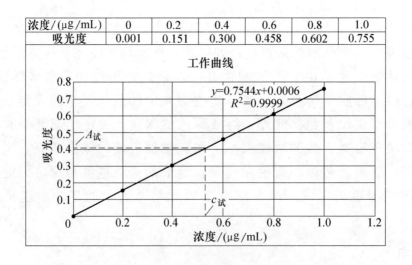

图 4-7 工作曲线

定样品时，应按相同的方法制备待测试液，并在相同测量条件下测量试液的吸光度（$A_{试}$），然后在工作曲线上查出待测试液浓度（$c_{试}$）。也可以求出工作曲线的回归方程，然后代入 $A_{试}$ 计算得出 $c_{试}$。

（2）比较法　在相同条件下，配制一个已知浓度的标准溶液（c）和待测试液（$c_{试}$），分别测得标准溶液的吸光度（A）和待测试液的吸光度（$A_{试}$），则根据朗伯-比尔定律得

$$\begin{cases} A = Kbc \\ A_{试} = Kbc_{试} \end{cases} \rightarrow c_{试} = \frac{A_{试}}{A} c$$

工作曲线法适用于成批样品的分析，它可以消除一定的随机误差。比较法适用于个别样品的测定，c 与 $c_{试}$ 浓度应接近。

练一练

某同学在 461nm 处，用 1cm 吸收池测定显色的铁配合物标准溶液得到下列数据。

编号	1	2	3	4	5
$\rho(Fe^{3+})/(\mu g/mL)$	2.00	4.00	6.00	8.00	10.0
A	0.165	0.320	0.481	0.630	0.792

① 用电脑电子表格绘制工作曲线；② 若未知试液测得 $A=0.426$，求未知试液中铁含量。

工作曲线回归方程：_____，$a=$_____，$b=$_____，$r=$_____；

未知试液中铁含量：查工作曲线得_____，根据回归方程计算得_____，比较法计算得_____。

四、认识可见分光光度计的使用

看一看

在紫外及可见光区用于测定溶液吸光度的分析仪器称为紫外-可见分光光度计。目前，紫外-可见分光光度计的型号较多，但它们的基本构造都相似，由光源、单色器、吸收池（又称比色皿）、检测器和信号显示系统等部

件组成。由光源发出的光，经单色器获得一定波长单色光照射到吸收池（装样品溶液），部分光被样品溶液吸收，透过的光经检测器将光强度变化转变为电信号变化，再经信号指示系统调制放大后显示出吸光度 A（或透射比 T），完成测定。

分光光度计按使用波长范围分为可见分光光度计和紫外-可见分光光度计，按光路可分为单光束分光光度计和双光束分光光度计，按测量时提供的波长数又可分为单波长分光光度计和双波长分光光度计。该任务使用单光束可见分光光度计，其工作原理如图 4-8 所示。

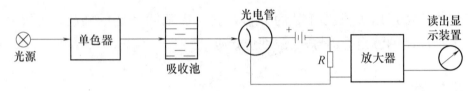

图 4-8 单光束分光光度计原理示意图

写一写

（1）查阅使用说明书，结合下列仪器图片，标注主要控制器和按键的名称

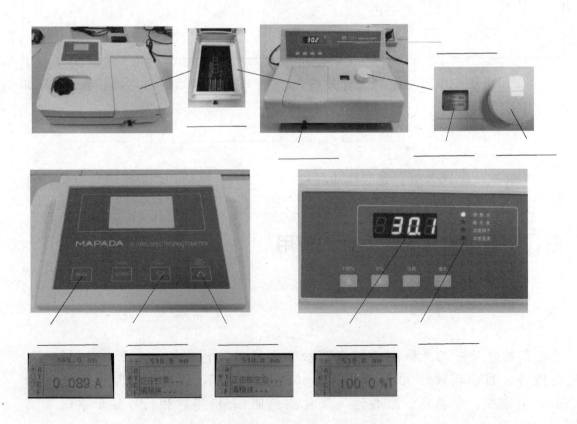

(2) 补充完善 722s 型可见分光光度计的使用方法

序号	操作流程	操作图示	操作步骤及注意事项
1	显色溶液的制备		①准备一组 50mL 或 100mL 的容量瓶，洗净、备用 ②参照国家标准给出的分析步骤，配制标准溶液和试样溶液的显色液，同时进行空白试验 **注意事项**：①容量瓶应进行_____校准，选择容积相同（或相近）的为一组；②标准溶液和试样溶液须用_____准确移取，其他试剂可用_____或_____量取，每加入一种试剂都必须摇匀；③容量瓶定容标准要一致
2	仪器准备	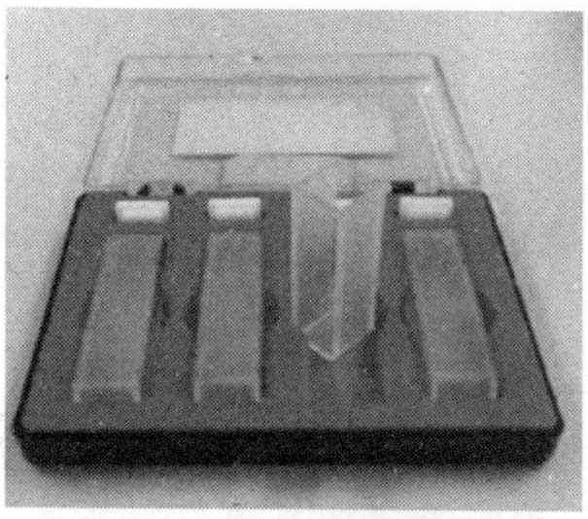 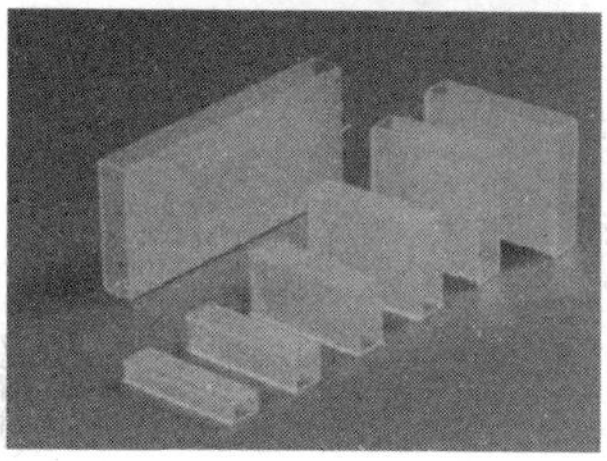	①接通仪器电源开关，预热 20～30min ②准备一套玻璃比色皿，洗净后检查其配套性，并做好标记（仪器操作见 3，比色皿注入蒸馏水置于样品室中，将波长调节至 600nm，以 1 号比色皿调节透射比为 100%，测量其他 3 个比色皿的透射比，如差值小于 0.5% 即可配套使用） **注意事项**：①拿取比色皿时，只能用手指接触两侧的_____，不可接触_____；②比色皿透光面如有划痕或斑点，则不应使用；③不能将比色皿放在火焰或电炉上进行加热或干燥箱内烘烤；④凡含有腐蚀玻璃的物质的溶液，不得长时间盛放在比色皿中；⑤盛装溶液时，先用_____润洗比色皿 3 次，再装入比色皿高度_____的溶液，外壁如有残液可先用_____轻轻吸干，然后用_____或丝绸擦拭光学面至无痕迹
3	仪器调试	① 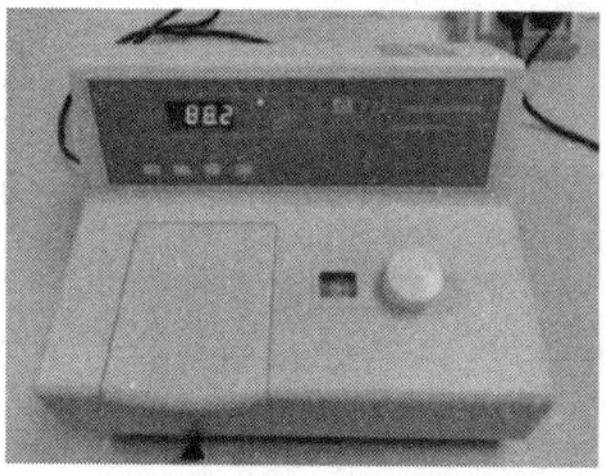 ② 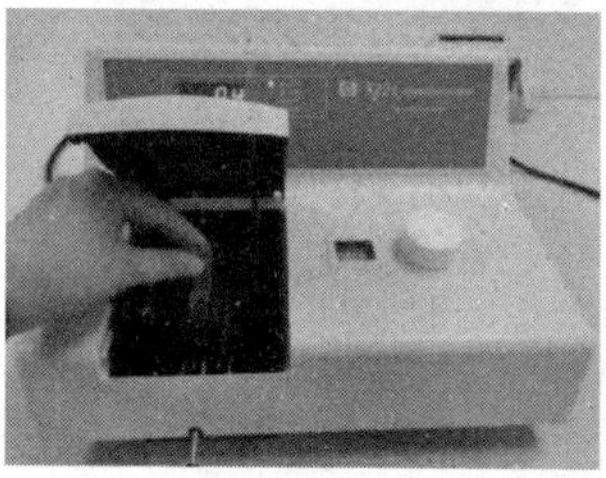	①按下_____键，使仪器处于_____测定状态。观察_____，调节_____至测量波长 ②在比色皿中依次装入_____、_____和_____，按顺序置于样品室中

续表

序号	操作流程	操作图示	操作步骤及注意事项
3		③ 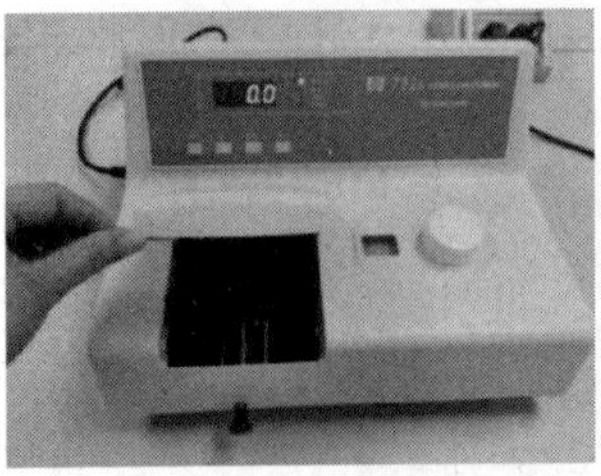 ④ 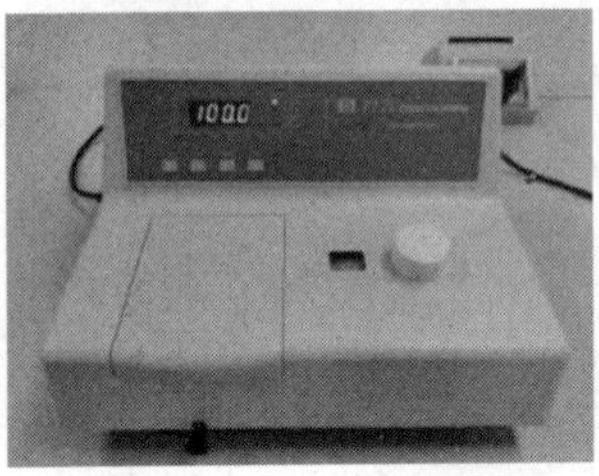	③推动_____使1号比色皿置于光路中。打开试样盖(关闭光门),按下_____键,仪器自动调整_____为零 ④盖上试样盖(打开光门),按下_____键,仪器自动调整_____为100%(调零前可先粗调100%,如一次有误差可加按一次) **注意事项**:①调节波长时,目光应垂直观察指示窗的波长刻度线;②装入比色皿中的溶液应无气泡,比色皿置入样品槽时要保持垂直;③调整100%(T)时,整机自动增益系统重调可能影响0%(T),调整后需检查0%(T),如有变动可重按_____键;④试样槽架拉杆拉出或复位时要到位,确保比色皿定位正确
4	样品测量	① 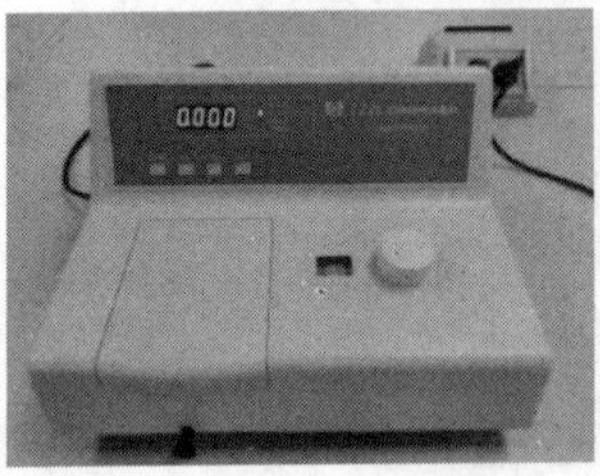 ②  ③ 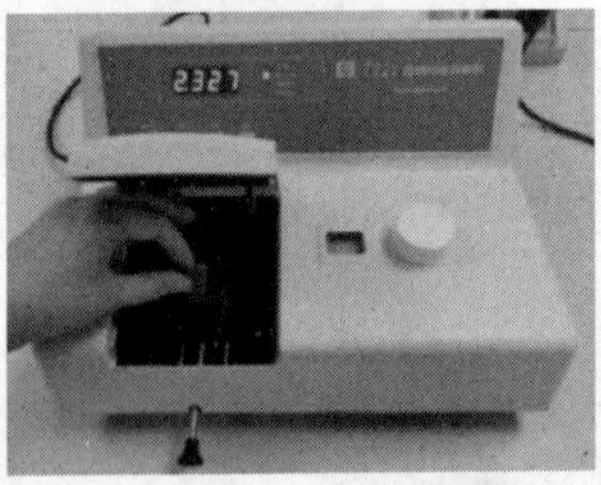	①按下_____键,使仪器处于_____测定状态,数据显示屏显示_____ ②拉动_____,使样品溶液池依次置于光路上,读取_____值 ③取出2号至4号比色皿,重新装入待测的样品溶液,置于样品室中,重复以上步骤(置空白、调零、调100%、测样品吸光度) **注意事项**:①如用工作曲线法定量分析,标准系列溶液的测定顺序是低浓度到高浓度;②比色皿装入溶液由标准溶液变换为未知样品时,需先用_____洗净,再用_____润洗;③比色皿外壁要保持干燥,勿将溶液代入样品槽

续表

序号	操作流程	操作图示	操作步骤及注意事项
5	结束工作		①测量完毕，关闭仪器电源开关，拔出电源插头 ②取出比色皿，清洗晾干后放入盒内保存 ③清洗容量瓶和其他所用的玻璃仪器并放回原处 ④清理实验工作台，填写仪器使用记录

素质拓展阅读

我国化工行业发展史

早在公元前 500 年左右，中国就已经掌握了从铁矿冶铁和由铁炼钢的技术。而在公元前 200 年，中国发现铁能与铜化合物溶液反应产生铜，这个反应成为后来生产铜的方法之一。公元 7 世纪，中国即有焰硝、硫黄和木炭做成火药的记载，而火药就是中国古代的四大发明之一。明朝宋应星在《天工开物》中详细记述了中国古代手工业技术，其中有陶器、瓷器、钢铁、金、银、石灰、明矾、硼砂、芒硝等无机物的生产过程。由此可见，在化学科学建立前，中国已掌握了大量无机化学的知识和技术。

可惜的是，这些领先世界的化学技术并没有逐渐演进为近代的化学科学，反而是逐渐落后于西方。直至有了吴蕴初、范旭东、侯德榜等爱国化工专家兴办化工厂，我国近现代化工行业才开始有了发展。中国五千年来的化工发展史，是中华民族劳动人民智慧的结晶，我们作为华夏子孙更应该视国家发展为己任，为中华民族的伟大复兴贡献一份力量。

活动三　制订与审核计划

一、查找与阅读标准

查阅 GB 320—2006《工业用合成盐酸》，回答以下问题。

① 试述上述标准的适用范围，以及工业用合成盐酸的检验项目和测定方法。

② 试述工业用合成盐酸中铁含量的测定原理。

③ 工业用合成盐酸中铁含量常用什么方式表示？对测定结果精密度有何要求？

二、制订实验计划

依据 GB 320—2006，结合学校的实验条件，以小组为单位，讨论、制订工业用合成盐酸中铁含量测定的实验方案。

（1）根据小组用量，填写试剂准备单

序号	试剂名称	级别	数量	实验所用溶液的浓度和配制方法
备注				

（2）根据个人需要，填写仪器清单（包括溶液配制和样品测定）

序号	仪器名称	规格或型号	数量	仪器维护情况
备注				

（3）列出主要分析步骤，合理分配时间

序号	主要步骤	所需时间	操作注意事项

小知识

1. 盐酸羟胺、邻二氮菲简介

（1）盐酸羟胺　是一种无机物，分子式为 $NH_2OH \cdot HCl$。盐酸羟胺为无色结晶固体，易潮解，溶于水、乙醇和甘油，主要用作还原剂和显像剂，有机合成中用于制备肟，也用作合成抗癌药（羟基脲）、磺胺药（新诺明）和农药（灭多威）的原料。盐酸羟胺有毒、有腐蚀性，对皮肤有刺激性，溅及皮肤时可用大量水冲洗。生产设备应密闭，防止跑、冒、滴、漏，操作人员应穿戴防护用具。

（2）邻二氮菲　又称为菲咯啉，是一种有机化合物，分子式为 $C_{12}H_8N_2$。固体呈白色晶体，无毒性，溶于水形成浅黄至黄色溶液，溶于乙醇、苯、丙酮，不溶于石油醚。邻二氮菲与大多数金属离子形成很稳定的配合物，可用作铜、铁的定量比色试剂，又可作为硫酸铈滴定铁盐的指示剂，还可用作动物性纤维的染料。

2. 标准溶液的配制

利用分光光度法进行定量分析时，需要用标准物质制备成待测组分的系列标准溶液，测其吸光度后绘制工作曲线，标准溶液配制得准确与否，将直接影响测定结果的准确度。制备这类标准溶液可查阅 GB/T 602—2002《化学试剂杂质测定用标准溶液的制备》。配制时应注意：①由于稀溶液的保质期较短，应先配成浓度不小于 0.1mg/mL 的浓溶液作为贮备液，临用前再进行稀释。为了保证一定的准确度，稀释倍数高时应采取逐级稀释的做法。②选用合适的容器保存溶液，防止容器材料溶解可能对标准溶液造成的污染，有些金属离子标准溶液宜在塑料瓶中保存。常温下（15～25℃）保存期一般为两个月，当出现沉淀或颜色有变化时不能再使用。

3. 可见分光光度计的日常维护与保养

分光光度计是精密光学仪器，正确安装、使用和保养对保持仪器良好的性能和保证测试的准确度有重要作用。

（1）仪器工作环境的要求　①仪器应安放在干燥的房间内，使用温度为 5～35℃，相对湿度不超过 85%。②仪器应放置在坚固平稳的工作台上，避免震动及阳光直射，尽量远离高强度的磁场、电场及发生高频波的电气设备。③供给仪器的电源电压为 220V±22V，频率为 50Hz±1Hz，必须装有良好的接地线。④避免在有硫化氢等腐蚀性气体的场所使用。

（2）仪器的日常维护和保养　①为了延长光源使用寿命，在不使用仪器时不要开光源灯，并尽量减少开关次数。在短时间的工作间隔内可以不关灯，刚关闭的光源灯不能立即重新开启，仪器连续使用时间不应超过 3h。②选择波长时应平衡地转动，不可用力过猛。③要定期更换单色器盒干燥剂（硅胶），若发现硅胶变色，应立即更换。④当仪器停止工作时，必须切断电源，并盖上防尘罩。

⑤仪器若长时间不用，要定期通电，每次不少于20～30min，以保持整机呈干燥状态，并且维持电子元器件的性能。

三、审核实验计划

（1）各小组展示实验计划（海报法或照片法），并做简单介绍

（2）小组之间互相点评，记录其他小组对本小组的评价意见

（3）结合教师点评，修改完善本组实验计划

评价小组	计划制订情况(优点和不足)	小组互评分	教师点评
平均分：			

注：1. 小组互评可从计划的完整性、合理性、条理性、整洁程度等方面进行评价；

2. 对其他小组的实验计划进行排名，按名次分别计10、9、8、7、6分。

素质拓展阅读

有效沟通少弯路

一个团队，一个企业，员工仅有良好的愿望和热情是完全不够的，还需要进行有效的沟通。小毛明天就要参加小学毕业典礼了，于是爸爸上街给小毛买了条新裤子，小毛回家一试，爸爸发现裤子长了一寸。吃晚饭的时候，趁奶奶、妈妈和嫂子都在场，爸爸将裤子长了一寸的事说了一下，饭桌上大家都没说什么，又聊起别的事，这件事就过去了。晚上，奶奶、妈妈和嫂子各自将裤子裁了一寸。最后新裤子短了两寸，小毛不能穿新裤子参加毕业典礼，照毕业相了。作为个体，要想在团队中获得成功，沟通是最基本的要求。当你有了好想法、好建议时，要尽快让别人了解、让上级采纳，为团队做贡献。小组合作学习给学生创造更多的交流机会，在课堂上大家要积极参与小组讨论，踊跃发表自己的意见，为小组制订计划出谋划策，贡献自己的想法和智慧。

实施计划

一、组内分工,准备仪器及配制溶液

序号	任务内容	负责人
1	领取比色皿,检查分光光度计使用情况	
2	领取实验所用的容量瓶、烧杯、吸量管等玻璃仪器	
3	领取实验所需的化学试剂	
4	配制盐酸、氨水、盐酸羟胺、邻二氮菲、乙酸-乙酸钠等溶液	
5	配制铁标准储备溶液	
6	比色皿配套性检验	

二、准备过程记录

① 配制铁标准储备溶液,使用的铁盐是_____,称取质量为____g,稀释、定容至_____mL 容量瓶中,准确浓度为_____;

② 配制铁标准使用溶液,准确吸取_____mL 铁标准储备溶液,稀释、定容至_____mL 容量瓶中,浓度为_____;

③ 检验比色皿配套性,4 个比色皿的透射比之差为_____,_____(可、不可)配成一套。如不能配成一套,则以 1 号比色皿调零(A),测出另外 3 个比色皿的吸光度,分别为_____、_____、_____。

备注:请根据检测所使用的分光光度计,认真、详细地阅读相应型号仪器的使用说明书,熟悉其使用方法、操作步骤及仪器的维护等内容。

三、样品测定,填写检测原始记录

配制样品显色液、测定其吸光度、绘制标准曲线、查出铁质量,计算未知样品中铁含量。

样品名称				检验项目		
检验依据				检验日期		
检验方法				温 度		
检验设备及编号						
测量条件		测定波长：	参比溶液：		比色皿规格：	

工作曲线		编号	1	2	3	4	5	6
测量	标准量	V/mL						
		$m/\mu\text{g}$						
	吸光度测定值							
	吸光度实际值 A							
	回归方程		$Y=$			$,a=$	$,b=$	
	相关系数		$r=$					

	样品名称及编号	未知样质量 m_1/g	理论体积 /mL	取样体积 V/mL	吸光度测定值	吸光度实际值 A	测定值 $m_2/\mu\text{g}$	结果 $\omega_{原}/\%$	平均值 /%
样品检测									
	计算公式及其他								
	检验人					复核人			

四、关机和结束工作

（1）分光光度计：＿＿＿＿＿＿＿＿＿＿＿＿＿＿＿＿＿＿＿

（2）比色皿：＿＿＿＿＿＿＿＿＿＿＿＿＿＿＿＿＿＿＿＿＿

（3）玻璃仪器：＿＿＿＿＿＿＿＿＿＿＿＿＿＿＿＿＿＿＿＿

（4）其他：＿＿＿＿＿＿＿＿＿＿＿＿＿＿＿＿＿＿＿＿＿＿

注意事项

① 铁标准溶液和试样溶液的移取一定要准确，否则工作曲线的线性会较差，

试液测定结果的误差也会较大。

② 样品显色溶液配制过程中,试剂的加入顺序不可颠倒,否则可能导致样品溶液不显色。

③ 配制好的显色溶液应静置至少 15min,使显色反应完全后再测定吸光度。同时注意,显色溶液不宜久放,必须在稳定时间内完成吸光度的测定。

④ 注入比色皿前,容量瓶中的溶液应再次摇匀。

⑤ 比色皿置入样品槽时,要使透光面沿光路方向,且比色皿的入射光面不能变,比色皿的排序也不能乱。

⑥ 改变测定波长或比色皿换溶液后,必须重新用参比溶液校正,使吸光度为零。

⑦ 试样和工作曲线测定的实验条件应保持一致,所以最好两者同时显色同时测定。

⑧ 待测试样应完全透明,如有浑浊应预先过滤。

小知识

(1) 比色皿的配套性检验　在实际工作中,可以采用较为简便的方法进行比色皿配套检验。在比色皿中分别装入蒸馏水,在样品测定波长下以其中一个为参比,测定其他比色皿的吸光度。若测定的吸光度为零或其中两个比色皿吸光度相等,则为配对比色皿。若不相等,可以选出吸光度最小的比色皿为参比,测定其他比色皿的吸光度,求出修正值,并在比色皿的毛面外壁用铅笔编号。测定样品时,将待测溶液按编号顺序装入校正过的比色皿,测量其吸光度,将测得的吸光度减去该比色皿的修正值即为此待测液的实际吸光度。

比色皿修正值测量

(2) 参比溶液的选择　参比溶液又称空白溶液,在吸光度测定中用来调节仪器的零点,以消除比色皿、容器、试剂及其他有色物质对于入射光的反射、吸收带来的误差。①当试液及显色剂均无色时,可用蒸馏水作参比溶液(称为溶剂参比)。②显色剂为无色,而被测试液中存在其他有色离子,可用不加显色剂的试样溶液作为参比溶液(称为试液参比)。③显色剂有颜色,可选择不加被测试液而加入显色剂的溶液作为参比溶液(称为试剂参比)。④显色剂和试液均有颜色,可将一份试液加入适当的掩蔽剂,将被测组分掩蔽起来,使之不再与显色剂作用,而显色剂及其他试剂均按试液测定方法加入,以此作为参比溶液,这样就可以消除显色剂和一些共存组分的干扰。

> **素质拓展阅读**

规范操作　及时准确

　　质量是产品的生命，而分析工作是产品质量的保证。化验过程的规范操作以及化验结果的可靠性将直接关系到产品的质量以及生产过程的安全性。

　　某企业质检部化验室有一群身穿白衣、肩负使命的化验天使，他们是公司产品质量的"守护神"。他们有着精益求精的工作态度，从化验工作的准备、操作、结果计算到数据统计，从不忽略任何一个细微之处，确保企业进厂原材料到产品出厂的检验准确，日复一日、年复一年，手里的试剂瓶奏出了数不尽的和谐音律。

　　化验室工作责任重大，标准要求更加严格。每当在化验工作中发生异常情况时，他们总是会不断地寻找问题原因，通过多次对比试验，分析误差来源，决不让任何一个有疑问的化验数据从自己手中溜过，保证所有化验数据的准确性、及时性，确保了生产的顺利进行，并为产品质量严格把关。看到一车车合格产品出厂，他们的脸上总会露出欣慰的笑容。

活动五　检查与改进

一、分析实验完成情况

1. 自查操作是否符合规范要求

　　（1）分析天平使用规范（检查、清扫、记录）；　　　　　　□是　□否
　　（2）盐酸试样称量操作正确（装有 50mL 水的 100mL 容量瓶）；
　　　　　　　　　　　　　　　　　　　　　　　　　　　　　　□是　□否
　　（3）铁标准使用溶液稀释操作正确（移取 10mL 稀释至 100mL 容量瓶）；
　　　　　　　　　　　　　　　　　　　　　　　　　　　　　　□是　□否
　　（4）吸量管使用规范（润洗、管身垂直、管尖靠壁、停留 15s）；□是　□否
　　（5）容量瓶使用规范（试漏、定容、摇匀）；　　　　　　　　□是　□否

(6) 样品溶液移取准确（从零刻度线匀速放至所需体积）；　□是　□否
(7) 移取标准溶液的吸量管洗净后才用于移取试样溶液；　□是　□否
(8) 辅助试剂加入顺序正确（还原剂、缓冲液、显色剂）；　□是　□否
(9) 试液定容准确（同一标准）；　□是　□否
(10) 试液显色时间够 15min；　□是　□否
(11) 分光光度计预热 20~30min；　□是　□否
(12) 拿取比色皿时，未接触光学透光面；　□是　□否
(13) 摇匀容量瓶内溶液，润洗比色皿 3 次；　□是　□否
(14) 比色皿中装入溶液量合适（皿高 3/4 左右）；　□是　□否
(15) 比色皿中溶液无气泡，外壁用滤纸吸干、擦镜纸擦至无痕；　□是　□否
(16) 测定波长选择正确（510nm）；　□是　□否
(17) 测量模式正确（T），调 0% 和 100%（显示稳定）；　□是　□否
(18) 参比溶液选择正确（试剂参比）；　□是　□否
(19) 吸光度测量模式正确（A），拉杆挡位到位；　□是　□否
(20) 测量结束后，清洗比色皿和关闭分光光度计电源，妥善保管。□是　□否

2. 互查实验数据记录和处理是否规范正确

(1) 记录表各要素填写　□全正确　□有错误，_____处
(2) 实验数据记录　　　□无涂改　□规范修改（杠改）　□不规范涂改
(3) 有效数字保留　　　□全正确　□有错误，_____处
(4) 工作曲线的绘制　　□全正确　□有错误，_____处
(5) 铁含量的相关计算　□全正确　□有错误，_____处

3. 自查和互查 7S 管理执行情况及工作效率

                自评　　　　　互评

(1) 按要求穿戴工作服和防护用品；　□是　□否　　□是　□否
(2) 实验中，桌面仪器摆放整齐；　□是　□否　　□是　□否
(3) 安全使用化学药品，无浪费；　□是　□否　　□是　□否
(4) 废液、废纸按要求处理；　□是　□否　　□是　□否
(5) 未打坏玻璃仪器；　□是　□否　　□是　□否
(6) 未发生安全事故（灼伤、烫伤、割伤）等；□是　□否　　□是　□否
(7) 实验后，清洗仪器、整理桌面；　□是　□否　　□是　□否
(8) 在规定时间内完成实验，用时____min。□是　□否　　□是　□否

4. 教师汇总并点评全班实验结果

① 本人测得工作曲线的相关系数_____，工业盐酸中铁含量测定

有效结果的平均值，平行测定结果之差的绝对值_____，是否符合重复性要求_____。

② 全班工业盐酸中铁含量测定有效结果的平均值_____，本人测定结果_____（偏高、偏低），相差_____。

二、针对存在问题进行练习

练一练

吸量管的移液操作、比色皿的配套性检验、工作曲线的绘制等。

三、再次实验，并撰写检验报告

根据实验完成情况分析，进一步规范自身操作，减少系统误差和偶然误差，提高分析结果的精密度和可靠性。同时，撰写电子版检验报告，需包含样品编号、检测项目、检测结果、限值、结论等要素，同时说明该任务中有哪些必需的健康和安全措施，以及操作过程中是否需要采取环保措施。

素质拓展阅读

打破常规，勇于创新

生活中的你一定烤过面包或蒸过馒头吧，在这个过程中，如果少了一味原料，你就会发现，面包或馒头就不好吃了，这味原料就是碱。然而，中国直至1926年才凭借自己的力量制造出优质纯碱，它的诞生也被誉为"中国工业进步的象征"。而打破这一西方人的垄断，让中国工业产品在世界舞台精彩亮相的重要功臣就是侯德榜。

当时正处抗日战争时期，侯德榜拒绝了与侵略者的合作，选择自己开创制碱新路，为祖国打破西方70年的制碱技术垄断。他总结了以往制碱的缺点，创造性地设计了联合制碱新工艺。为了实现这一设计，在战争的艰苦环境下，侯德榜在3年中经历了500多次的循环试验，分析了2000多个样品，并结合试验结果进行检查和不断改进，最后才把具体工艺流程定了下来。这个新工艺不仅提高了食盐的利用率，也解决了制碱带来的环境污染问题，把世界制碱的水平推向了一个新高度，这就是赫赫有名的"侯氏制碱法"。在侯德榜身上，我们看到了他勇于创新的工匠精神和打破常规的勇气，才使得我们国家能够自己制造碱，推动了我国工业的发展。

一、个人任务完成情况综合评价

自评

评价项目及标准		配分	扣分	总得分
学习态度	1. 按时上、下课，无迟到、早退或旷课现象	40		
	2. 遵守课堂纪律，无趴台睡觉、看课外书、玩手机、闲聊等现象			
	3. 学习主动，能自觉完成老师布置的预习任务			
	4. 认真听讲，不思想走神或发呆			
	5. 积极参与小组讨论，发表自己的意见			
	6. 主动代表小组发言或展示操作			
	7. 发言时声音响亮、表达清楚，展示操作较规范			
	8. 听从组长分工，认真完成分派的任务			
	9. 按时、独立完成课后作业			
	10. 及时填写工作页，书写认真、不潦草			
	每一项 4 分，完全能做到得 4 分，基本能做到得 3 分，有时能做到得 2 分，偶尔能做到得 1 分，完全做不到得 0 分			
操作规范	见活动五 1. 自查操作是否符合规范要求	40		
	一个否定选项扣 2 分			
文明素养	见活动五 3. 自查 7S 管理执行情况	15		
	一个否定选项扣 2 分			
工作效率	不能在规定时间内完成实验扣 5 分	5		

学习任务四　工业盐酸中铁含量的测定

互评

评价主体		评价项目及标准	配分	扣分	总得分
小组长	学习态度	1. 按时上、下课,无迟到、早退或旷课现象	20		
		2. 学习主动,能自觉完成预习任务和课后作业			
		3. 积极参与小组讨论,主动发言或展示操作			
		4. 听从组长分工,认真完成分派的任务			
		5. 工作页填写认真、无缺项			
		每一项 4 分,完全能做到的得 4 分,基本能做到的得 3 分,有时能做到的得 2 分,偶尔能做到的得 1 分,完全做不到的得 0 分			
	数据处理	见活动五 2. 互查实验数据记录和处理是否规范正确	10		
		一个否定选项扣 2 分			
	文明素养	见活动五 3. 互查 7S 管理执行情况	10		
		一个否定选项扣 2 分			
其他小组	计划制订	见活动三 三、审核实验计划(按小组计分)	10		
	团队精神	1. 组内成员团结,学习气氛好	10		
		2. 互助学习效果明显			
		3. 小组任务完成质量好、效率高			
		按小组排名计分,第一至五名分别计 10、9、8、7、6 分			
教师	计划制订	见活动三 三、审核实验计划(按小组计分)	5		
	实验完成情况	1. 未出现重大违规操作或损坏仪器	5		
		2. 标准曲线相关系数 $r \geqslant 0.9999$	5		
		3. 工业盐酸中铁含量测定符合重复性要求	5		
		4. 个人测定结果与全班平均值相差不大于 0.0005%	5		
		5. 在规定时间内完成实验	5		
	检验报告	按要求撰写检验报告,要素齐全,条理清楚,HSE 描述符合实际,结果分析合理	10		

二、小组任务完成情况汇报

（1）以小组为单位，组员对自己完成任务的情况进行小结发言，最满意的是什么？最大的不足是什么？改进措施有哪些？

（2）结合小组组员的发言，各组组长针对本组任务完成情况在班级进行汇报。对本组的工作最满意的是什么？存在的主要问题和改进措施有哪些？

素质拓展阅读

在反思和总结中强大自我

孔子曰：吾日三省吾身。《毛泽东选集》中记录了这么一句话：有无认真的自我批评，也是我们和其他政党互相区别的显著的区别之一。古往今来，凡是有所成就的人，都十分注重自我反思和总结。反思和总结在我们成长的过程中起着重要的作用，为我们知识的积累及技能提高做出重要保障。

越王勾践被吴国打败以后，每天都反省自己失败的原因，不断总结，激励自己奋发图强，通过几年卧薪尝胆的总结反省后，他积蓄力量，终于战胜了吴国，成为一名贤能的君王。随着时代的不断进步，反思总结的重要意义越来越受到人们的重视。要进步，就要不断总结反省，这包括个人，组织甚至一个政党，在和平建设年代，我们党系统总结了新中国成立以来的经验教训，通过反省，纠正了"反右""十年浩劫"的历史错误，拨乱反正，应民心顺民意地作出了改革开放的重大决策，使我们的国家出现了今天繁荣富强的喜人局面。可见，我们必须要学会利用总结反思来探索学习中的真知，强大自我，超越自我！

活动七　拓展专业知识

? 想一想

① 该实验中，盐酸羟胺、邻二氮菲等试剂的加入量对测定结果有影响吗？

② 邻二氮菲分光光度法测铁含量时，选择在 510nm 波长处测量吸光度。为什么要选择 510nm 为测定波长？能选择在其他波长下进行测量吗？如何选择不同物质的测定波长？

③ 朗伯-比尔定律中的吸光系数是如何得出的？

 相关知识

自然界中许多物质本身无色或颜色很浅，也就是说它们对可见光不产生吸收或吸收不大，这就必须事先通过适当的化学处理，使该物质转变为能对可见光产生较强吸收的有色化合物，然后再进行吸光度测定。

一、显色条件的选择

1. 显色反应和显色剂

（1）显色反应　将待测组分转变成有色化合物的反应称为显色反应。显色反应可以是氧化-还原反应，也可以是配位反应，或是兼有上述两种反应，其中配位反应应用最普遍。同一种组分可以与多种显色剂反应生成不同有色物质。在分析时，究竟选用何种显色反应较适宜，应考虑以下几个因素。

① 选择性好。一种显色剂最好只与一种被测组分起显色反应，或显色剂与共存组分生成的化合物的吸收峰与被测组分的吸收峰相距比较远，干扰少。

② 灵敏度高。要求反应生成的有色化合物的摩尔吸光系数大。

③ 生成的有色化合物组成恒定，化学性质稳定，测量过程中应保持吸光度基本不变，否则将影响吸光度测定准确度及再现性。

④ 如果显色剂有色，则要求有色化合物与显色剂之间的颜色差别要大，以减少试剂空白值，提高测定的准确度。

⑤ 显色条件要易于控制，以保证其具有较好的再现性。

（2）显色剂　与待测组分形成有色化合物的试剂称为显色剂。常用的显色剂可分为无机显色剂和有机显色剂两大类。

2. 显色条件的选择

显色反应是否满足分光光度法要求，除了与显色剂性质有关以外，能否控制好显色条件是十分重要的。显色条件主要包括显色剂用量、显色反应的酸度、显色温度、显色时间和溶剂的选择等。

（1）显色剂用量　显色剂一般应当适量。在实际显色过程中显色剂用量具体是多少需要经实验来确定。

(2) 显色反应的酸度　酸度是显色反应的重要条件,它对显色反应的影响主要有以下几方面。

① 当酸度不同时,同种金属离子与同种显色剂反应,可以生成不同配位数的不同颜色的配合物。例如 Fe^{3+} 可与水杨酸在不同 pH 条件下,生成配位比不同的配合物。

$$pH<4 \qquad Fe(C_7H_4O_3)^+ \qquad 紫红色（1:1）$$
$$pH4\sim7 \qquad Fe(C_7H_4O_3)_2^- \qquad 橙红色（1:2）$$
$$pH8\sim10 \qquad Fe(C_7H_4O_3)_3^{3-} \qquad 黄色（1:3）$$

② 溶液酸度过高会降低配合物的稳定性,特别是对弱酸性有机显色剂和金属离子形成的配合物的影响较大。当溶液酸度增大时显色剂的有效浓度减小,显色能力被减弱,有色物的稳定性也随之降低。

③ 溶液酸度变化,显色剂的颜色可能随之发生变化,例如 PAR［吡啶-(2-偶氮-4) 间苯二酚］是一种二元酸（表示为 H_2R）,它所呈现的颜色与 pH 的关系如下。

$$pH\ 2.1\sim4.2 \qquad 黄色（H_2R）$$
$$pH\ 4\sim7 \qquad 橙色（HR^-）$$
$$pH>10 \qquad 红色（R^{2-}）$$

④ 溶液酸度过低可能引起被测金属离子水解,因而破坏了有色配合物,使溶液颜色发生变化,甚至无法测定。

综上所述,酸度对显色反应的影响是很大的而且是多方面的。显色反应适宜的酸度必须通过实验来确定。

(3) 显色温度　不同的显色反应对温度的要求不同,大多数显色反应在常温下进行,但有些反应必须在较高温度下才能进行或进行得比较快。

(4) 显色时间　在显色反应中应该从两个方面来考虑时间的影响。一是显色反应完成所需要的时间,称为"显色(或发色)时间";二是显色后有色物质色泽保持稳定的时间,称为"稳定时间"。

(5) 溶剂的选择　有机溶剂常常可以降低有色物质的离解度,增加有色物质的稳定性,加大有色物质的溶解度,从而提高了测定的灵敏度。例如 $Fe(SCN)^{2+}$ 在水中的 $K_{稳}$ 为 200,而在 90%乙醇中为 5×10^4。可见 $Fe(SCN)^{2+}$ 的稳定性在有机溶剂中大大提高,颜色也明显加深。

二、测量条件的选择

在测量吸光物质的吸光度时,测量准确度往往受多方面因素影响。如仪器波长准确度、吸收池性能、参比溶液、入射光波长、测量的吸光度范围、测量组分的浓度范围都会对分析结果的准确度产生影响，必须加以控制。

1. 测定波长的选择

当用分光光度计测定被测溶液的吸光度时，首先需要选择合适的入射光波长。入射光波长一般根据待测组分的吸收曲线来选择，多数以最大吸收波长 λ_{max} 作为测定波长，这样灵敏度高，同时吸光度随波长的变化较小，可得到较好的测量精度。

物质的吸收光谱曲线是通过实验获得的，具体方法是：将不同波长的光依次通过某一固定浓度和厚度的有色溶液，分别测出它们对各种波长光的吸收程度（用吸光度 A 表示），以波长为横坐标，以吸光度为纵坐标作图，画出曲线，此曲线称为该物质的吸收光谱曲线（或光吸收曲线），它描述了物质对不同波长光的吸收程度。图 4-9（a）所示的是三种不同浓度的 $KMnO_4$ 溶液的三条吸收光谱曲线；图 4-9（b）是茴香醛（对甲氧基苯甲醛）的紫外吸收光谱曲线。由图 4-9 可以看出：

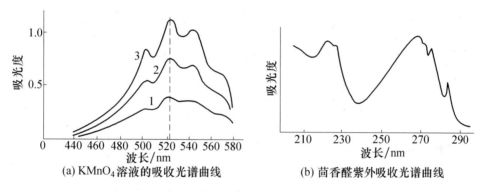

图 4-9 高锰酸钾和茴香醛的吸收光谱曲线

1—$c(KMnO_4)=1.56\times10^{-4}$ mol/L；2—$c(KMnO_4)=3.12\times10^{-4}$ mol/L；
3—$c(KMnO_4)=4.68\times10^{-4}$ mol/L

① 高锰酸钾溶液对不同波长的光的吸收程度是不同的，对波长为 525nm 的绿色光吸收最多，在吸收曲线上有一高峰（称为吸收峰）。光吸收程度最大处所对应的波长称为最大吸收波长（常以 λ_{max} 表示）。在进行光度测定时，通常都是选取在 λ_{max} 的波长处测量，因为这时可得到最大的测量灵敏度。

② 不同浓度的高锰酸钾溶液，其光吸收曲线的形状相似，最大吸收波长也一样，所不同的是吸收峰峰高随浓度的增加而增高。

③ 不同物质的光吸收曲线，其形状和最大吸收波长都各不相同。因此，可利用光吸收曲线作为物质初步定性的依据。

最大吸收峰附近若有干扰存在（如共存离子或所使用试剂有吸收），则在保证有一定灵敏度情况下，可以选择吸收曲线中其他波长进行测定（应选曲线较平坦处对应的波长），以消除干扰。

2. 参比溶液的选择

测定吸光度时，入射光的反射，以及溶剂、试剂等对光的吸收会造成透射光通量的减弱。为了使光通量的减弱仅与溶液中待测物质的浓度有关，需要选择合适组分的溶液作参比溶液，先以它来调节透射比为100%（$A=0$），然后再测定待测溶液的吸光度。这实际上是以通过参比池的光作为入射光来测定试液的吸光度。这样就可以消除显色溶液中其他有色物质的干扰，抵消吸收池和试剂对入射光的吸收，比较真实地反映了待测物质对光的吸收，因而也就比较真实地反映了待测物质的浓度。

3. 吸光度测量范围的选择

只有当待测溶液的浓度控制在适当范围内，由仪器测量引起的相对误差才比较小。在实际工作中，一般将吸光度控制在 0.2~0.8 范围。为了使测量的吸光度在适宜的范围内，可以通过调节被测溶液的浓度（如改变取样量，改变显色后溶液总体积等）、使用厚度不同的吸收池等方法来达到目的。

三、偏离光吸收定律的主要因素

根据吸收定律，在理论上，吸光度对溶液浓度作图所得的直线的截距为零，斜率为 εb。实际上吸光度与浓度关系有时是非线性的，或者不通过零点，这种现象称为偏离光吸收定律。引起偏离光吸收定律的原因主要有以下几个方面。

（1）入射光非单色性　吸收定律成立的前提是单色光。但实际上，一般单色器所提供的入射光并非是纯单色光，而是由波长范围较窄的光带组成的复合光。而物质对不同波长光的吸收程度不同（即吸收系数不同），因而导致了对吸收定律的偏离。

（2）溶液的化学因素　溶液中的吸光物质因离解、缔合，形成新的化合物而改变了吸光物质的浓度，导致偏离吸收定律。

（3）比尔定律的局限性引起偏离　比尔定律只适用于浓度小于 0.01mol/L 的稀溶液，否则将导致偏离比尔定律。为此，在实际工作中，待测溶液的浓度应控制在 0.01mol/L 以下。

四、吸光系数的物理意义

比例常数 K 称为吸光系数，其物理意义是：单位浓度的溶液液层厚度为 1cm 时，在一定波长下测得的吸光度。

K 值的大小取决于吸光物质的性质、入射光波长、溶液温度和溶剂性质等，与溶液浓度大小和液层厚度无关。但 K 值的大小因溶液浓度所采用的单位不同而异。

(1) 摩尔吸光系数 ε　当溶液的浓度以物质的量浓度（mol/L）表示，液层厚度以（cm）表示时，相应的比例常数 K 称为摩尔吸光系数，以 ε 表示，其单位为 L/(mol·cm)。

$$A = \varepsilon b c$$

摩尔吸光系数的物理意义是：浓度为 1mol/L 的溶液，于厚度为 1cm 的吸收池中，在一定波长下测得的吸光度。

摩尔吸光系数是吸光物质的重要参数之一，它表示物质对某一特定波长光的吸收能力。ε 越大，表示该物质对某波长光的吸收能力愈强，测定的灵敏度也就愈高。

(2) 质量吸光系数　溶液浓度以质量浓度 ρ(g/L) 表示，液层厚度以厘米（cm）表示的吸光系数称为质量吸光系数，以 a 表示，单位为 L/(g·cm)。

$$A = a b \rho$$

质量吸光系数适用于摩尔质量未知的化学物质。

———————— 练习题

一、单项选择题

1. 分光光度法的吸光度与（　　）无关。
   A. 入射光的波长　　　　　　　　B. 液层的高度
   C. 液层的厚度　　　　　　　　　D. 溶液的浓度

2. 一束（　　）通过有色溶液时，溶液的吸光度与溶液浓度和液层厚度的乘积成正比。
   A. 平行可见光　　　　　　　　　B. 平行单色光
   C. 白光　　　　　　　　　　　　D. 紫外光

3. 在目视比色法中，常用的标准系列法是比较（　　）。
   A. 入射光的强度　　　　　　　　B. 透过溶液后的强度
   C. 透过溶液后的吸收光的强度　　D. 一定厚度溶液的颜色深浅

4. 有 A、B 两份不同浓度的有色物质溶液，A 溶液用 1.00cm 吸收池，B 溶液用 2.00cm 吸收池，在同一波长下测得的吸光度的值相等，则它们的浓度关系为（　　）。
   A. A 是 B 的 1/2　　　　　　　　B. A 等于 B
   C. B 是 A 的 4 倍　　　　　　　　D. B 是 A 的 1/2

5. 适宜的显色时间和有色溶液的稳定程度可以通过（　　）确定。

A. 推断 B. 查阅文献
C. 实验 D. 计算

6. 以邻二氮菲为显色剂测定某一试剂中微量铁时参比溶液应选择（　　）。
A. 蒸馏水 B. 不含邻二氮菲试液
C. 不含 Fe^{2+} 的试液 D. 含 Fe^{2+} 的邻二氮菲溶液

7. 摩尔吸光系数的单位是（　　）。
A. mol/(L·cm) B. L/(mol·cm)
C. L/(g·cm) D. g/(L·cm)

8. 在分光光度法中，（　　）是导致偏离朗伯-比尔定律的因素之一。
A. 吸光物质浓度＞0.01mol/L B. 单色光波长
C. 液层厚度 D. 大气压力

9. 符合比尔定律的有色溶液稀释时，其最大的吸收峰的波长位置（　　）。
A. 向长波方向移动 B. 向短波方向移动
C. 不移动，但峰高降低 D. 无任何变化

10. 可见分光光度计适用的波长范围为（　　）。
A. 小于 400nm B. 大于 800nm
C. 400～800nm D. 小于 200nm

二、判断题

1. 工作曲线法是常用的一种定量方法，绘制工作曲线时需要在相同操作条件下测出 3 个以上标准点的吸光度后，在坐标纸上作图。（　　）

2. 不少显色反应需要一定时间才能完成，而且形成的有色配合物的稳定性也不一样，因此必须在显色后一定时间内进行测定。（　　）

3. 摩尔吸光系数 ε 常用来衡量显色反应的灵敏度，ε 越大，表明吸收越强。（　　）

4. 任意两种颜色的光，按一定的强度比例混合就能得到白光。（　　）

5. 在定量测定时同一厂家出品的同一规格的比色皿可以不用经过检验配套。（　　）

6. 吸收池在使用后应立即洗净，当被有色物质污染时，可用铬酸洗液洗涤。（　　）

7. 在分光光度法分析中，如待测物的浓度大于 0.01mol/L 时，可能会偏离吸收定律。（　　）

8. 物质呈现不同的颜色，仅与物质对光的吸收有关。（　　）

9. 朗伯-比尔定律适用于一切浓度的有色溶液。（　　）

10. 显色剂用量应以吸光度越大越好。（　　）

三、计算题

某一溶液，含 Fe 47.0mg/L。吸取此溶液 5.0mL 于 100mL 容量瓶中，以邻二氮菲光度法测定铁，用 1.0cm 吸收池于 508nm 处测得吸光度为 0.467。计算质量吸光系数 a 和摩尔吸光系数 ε。已知 $M(Fe)=55.85$ g/mol。

阅读材料

紫外-可见分光光度计发展历史

紫外-可见分光光度计是基于紫外-可见吸收分光光度法（紫外-可见吸收光谱法）而进行分析的一种常用的分析仪器。在比较早的年代，人们在实践中已总结发现不同颜色的物质具有不同的物理和化学性质，而根据物质的这些颜色特性可对它进行分析和判别，如根据物质的颜色深浅程度来估计某种有色物质的含量，这实际上是紫外-可见吸收分光光度法的雏形。

分光光度法始于牛顿。早在 1665 年，牛顿做了一个实验：他让太阳光透过暗室窗上的小圆孔，在室内形成很细的太阳光束，该光束经棱镜色散后，在墙壁上呈现红、橙、黄、绿、蓝、靛、紫的色带。这种色带称为"光谱"。牛顿通过这个实验揭示了太阳光是复合光的事实。 1852 年，比尔（Beer）提出了分光光度法的基本定律，即著名的朗伯-比尔定律，从而奠定了分光光度法的理论基础。 1854 年， Duboscq 和 Nessler 将此理论应用于定量分析化学领域，并且设计了第一台比色计。 1918 年，美国国家标准局制成了第一台紫外-可见分光光度计。

此后，紫外-可见分光光度计经不断改进，出现自动记录、自动打印、数字显示、计算机控制等各种类型的仪器，使该仪器的灵敏度和准确度也不断提高，其应用范围也不断扩大。目前，分光光度计在电子、计算机等相关学科发展的基础上，得到飞速发展，功能更加齐全，在工业、农业、食品、卫生、科学研究的各个领域被广泛采用，成为生产和科研的有力检测手段。

一些比较先进的紫外-可见分光光度计具有波长范围宽、波长分辨率高、可实现全自动控制等优点。

素质拓展阅读

国有难　召必至

2020 年 1 月 18 日，时值春节前夕，忙碌了一年的人们陆续踏上回家的路。当天去武汉的航班已无机票，火车票也非常紧张。颇费周折后，已经 80 多岁的钟南山挤上了傍晚 5 点多从广州南开往武汉的高铁。他走得非常匆忙，甚至没有准备羽绒服，只穿了一件咖啡色格子西装。

也正是这一天，武汉市卫生健康委员会通报，新增 59 例新型冠状病毒感染的肺炎确诊病例。"没什么特殊情况，不要去武汉。"他提醒公众的同时，却选择了逆行。

> 通过收听本则故事，请同学们思考以下几个问题：
> ① 为什么钟南山已 84 岁高龄，却仍然要走在抗疫第一线？
> ② 为什么在本则故事中强调，有了钟南山的准确研判，强调疫情存在"人传人"现象，这个关键性判断改变了中国的抗疫进程？这个判断对于同学们的生活有着怎样的影响呢？
> ③ 钟南山的哪些精神值得同学们学习？

学习任务五　水中硝酸盐氮含量的测定

硝酸盐氮是普遍存在于乡村地下水中的一种污染物，在饮用水中需要对其加以控制的主要原因是过高浓度的硝酸盐会引起高铁血红蛋白血症，或"蓝婴儿"病。

世界卫生组织（WHO）和联合国粮农组织（FAO）规定：硝酸盐的日允许量为 432mg/kg，2006 年我国饮用水硝酸盐标准为 10mg/L，考虑到全国各地的具体情况，又特别规定在使用地下水等条件受限时可放宽到 20mg/L。因此，水中硝酸盐氮含量的测定就具有十分重要的意义，是地下水、地表水尤其饮用水水质评价的重要参数之一。

任务描述

某分析测试中心接到小李庄村委会的委托，对该村集中供水的饮用水进行水质指标分析，以实时判断该村饮用水的水质情况。分析检测中心接到该任务后，由委托方小李庄村委会填写分析测试委托检验登记表，测试中心业务室审核确认后，将委托单流转至检测室，由检测室主任审核批准同意分析该样品。业务室将样品交给样品管理员，样品管理员根据项目安排派发检测任务。理化检测室检测员根据检测任务分配单各自领取实验任务，按照样品检测分析标准进行分析。实验结束后两个工作日内，检测员统计分析数据，并交给检测室主任审核，数据没问题则流转到报告编制员手中编制报告，报告编制完成后流转到报告一审、二审人员，最后流转到报告签发人手中审核签发。

作为检测员，你接到的任务是：按委托要求测来样中硝酸盐氮的含量。请你按照 HJ/T 346—2007《水质　硝酸盐氮的测定　紫外分光光度法（试行）》的要求，制订检测方案，完成分析检测，并出具检测报告。其中硝酸盐氮的平行测定结果的相对标准偏差不大于 1.0%，工作过程符合 7S 规范。

任务目标

完成本学习任务后，应当能够：

① 了解水质硝酸盐氮的含义、水质标准中硝酸盐氮的含量要求；

② 能按操作规程要求，正确进行紫外分光光度计的校准和测量操作；

③ 根据委托检验登记表要求，依据国家标准以小组为单位制订实验计划，在教师引导下进行可行性论证；

④ 按组长分工，相互配合完成硝酸盐标准贮备液等实验用溶液的配制工作；

⑤ 按操作规范要求，独立完成标准系列溶液的配制和试样溶液的制备，并绘制工作曲线，计算水样中硝酸盐氮的含量，并撰写检验报告；

⑥ 能列举出常见的紫外-可见分光光度计，并结合仪器介绍紫外-可见分光光度计的基本组成部件及各部件的作用；

⑦ 结合紫外-可见分光光度法定量分析中影响结果准确度的因素，分析实验中出现的问题并进行改进；

⑧ 严格遵守 7S 管理，简述该任务在 HSE（健康、安全与环境）方面的注意事项。

参考学时

28 学时

识读分析测试委托检验登记表

样品信息	样品名称	自来水		
	样品数/个	3	样品类别	自来水
	样品来源	□ 送检； ☑ 委托采样		
	样品性状	□ 颗粒；□ 粉末；□ 胶囊；□ 块(片)状；□ 棒(管)状；□ 膏体；□ 乳状液；□ 悬浮；□ 黏稠液；□ 凝胶体；☑ 无色液体；□ 气体；□ 其他		
委托要求（检验项目）	水质硝酸盐氮		委托检验日期：年　月　日	
检验方法要求	□ 由委托方指定；☑ 由检验方决定；□ 由双方协商决定			
检测类别	☑ 咨询性检测；□ 仲裁性检测；□ 诉讼性检测		样品保存条件要求	☑ 常规；　□ 避光；□ 低温；□ ＿＿＿

续表

检后样品处理要求	□ 由委托方取回；　　　　☑ 由检验方处理； □ 按副样保存期限保存：□ 1 个月；□ ＿＿＿＿ 个月			
检验时限要求	□ 普通；☑ 24 小时加急；□ 48 小时加急；□ 72 小时加急			
检测报告格式	☑ 中文格式；□ 英文格式；□ 中英文格式；□ 委托方指定格式；□ 按样品分开出报告；□ 按项目分开出报告；□ 纸质报告；□ 电子报告			
检测报告发送方式	☑ 委托方自取；□ 寄挂号；□ 快递到付；□ E-mail			
委托方(甲方)		服务方(乙方)		
经办人(签名)		经办人(签名)		
地址		地址		
电话/手机		电话/手机		
E-mail		E-mail		
邮政编码		邮政编码		
委托日期	年　月　日	受理日期	年　月　日	
备注	① 委托方指定检验方法时，请委托方在检验项目后注明 ② 服务方加急服务将加收费用 ③ 委托方要求检测报告格式为英文或中英文时，服务方每份加收 50 元；要求提供两份以上检测报告副本时，服务方每份加收 30 元 　服务方业务联系电话：0771-88888888；检测进度查询电话：0771-88888888			
服务方声明	① 委托方要求及服务方受理的样品测试分析的具体内容，以及样品的有关信息，由委托方经办人准确填写；甲方经办人签字作为正式提出委托，乙方经办人签字作为正式接受委托 ② 乙方接受委托后，在 10 个工作日内或与甲方商定的时间内完成甲方委托样品的测试分析工作 ③ 甲方委托乙方采样，每份样品加收 100 元，相应的交通费由甲方承担 ④ 甲方保证对所提供的一切资料、信息和实物的真实性负责，并提供必要合作。甲方在领取乙方签发的分析检测报告前，应为乙方所提供的测试分析服务支付费用 ⑤ 适宜保存样品自完成检测之日起，本中心仅保存一个月，如因对分析结果有异议提出复检，请在一个月内通知本中心业务处。保管期过后，如甲方不取回，或未约定保管期限，乙方将自行处理而不必征得委托方同意。超过一个月，本中心将加收样品保管费，每份样品每超一个月加收 50 元，不足 1 个月按 1 个月计算 ⑥ 对下述情况，乙方将不受理样品复检：a. 原送检样品已被甲方取回；b. 原送检样品乙方无法保存；c. 原送检样品太少不足以复检 ⑦ 对下述情况，乙方提供的检验结果仅供参考：a. 未知成分定性定量结果；b. 采用未经国家实验室认可和计量认证的方法检测的结果 ⑧ 由于检测结果失准导致的甲方损失，乙方仅限赔偿所收相应检测费的两倍 ⑨ 甲方经办人在本表签字后，视为接受上述服务声明			

(1) 请用记号笔标记出《分析测试委托检验登记表》中的关键词，并把关键词写在下面横线上

_____

_____

_____

_____

(2) 请你从关键词中选择词语组成一句话，说明该任务的要求（要求：包括时间、地点、人物以及事件中的具体要求）

_____

_____

_____

_____

素质拓展阅读

知之者不如好之者，好之者不如乐之者。
——［春秋］孔子《论语·雍也》

释义：懂得知识的人不如爱好它的人，爱好它的人不如能从中得到乐趣的人。

兴趣是最好的老师。在孔子看来，学习的最高境界，是能够将学习作为一种乐趣。孔子在齐国学习韶乐，三个月不知肉味，乐在其中。今天我们常常赞赏一些学有所成的人物，如何艰苦地进行创造，其实他们从学习和创造中一定也享受到了巨大的快乐，正是这种快乐，不仅引领着他们的工作，也往往让他们忽略了物质条件的不足，最终让他们取得别人难以企及的成功。兴趣是激励学习的最好老师，有了学习的浓厚兴趣，就可以变"要我学"为"我要学"，变"学一阵"为"学一生"。

一、了解硝酸盐氮的危害

 看一看

1. 硝酸盐氮的环境危害

硝酸盐氮（NO_3-N）是含氮有机物氧化分解的最终产物，水中的硝酸盐也可直接来自地层。如果长期饮用被硝酸盐氮或亚硝酸盐氮污染的水，会造成儿童智力下降，反应迟钝等身体疾病。硝酸盐在人体内经过相关酶的作用可转化为亚硝酸盐，在一些含氮有机化合物的作用下会形成具有化学稳定性的亚硝基化合物，这些化合物能直接导致人体细胞癌变、畸形和突变，由此损坏人体的正常运作及健康。在我国，有相关新闻报道，河南省等地区出现的"癌症村"与地下水中硝酸盐氮的严重超标有着密切关系。

2. 硝酸盐氮的危害防止

去除大面积的地下水硝酸盐污染是一个世界性的难题，除了自然净化过程中反硝化作用外，没有特别有效的方法。除去局部地下水中的硝酸盐，主要靠工程来解决，地下水硝酸盐污染修复技术根据修复原理主要分三类：物理化学修复技术、生物修复技术及化学还原技术。物理化学修复技术主要有蒸馏法、电渗析法、反渗透法、离子交换法等。生物修复技术即指生物脱氮，是通过硝化细菌和反硝化细菌的联合作用使污水中的含氮污染物转化为氮气的过程。此过程主要受脱氮菌剂的活性、有机碳源、温度、pH和溶解氧浓度等因素的影响，其中脱氮菌剂和有机碳源是最重要的影响因子，它们直接决定了生物脱氮作用的强度和代谢反应的特征。化学还原技术是利用还原剂的还原作用将硝酸盐氮还原成亚硝酸盐氮、氨氮及氮气而去除的方法。常用的还原剂主要有甲醇、甲酸、H_2及活泼金属材料。活泼金属还原法受到研究者的普遍关注，其中铁还原法是地下水硝酸盐氮去除方面的研究热点。

✏️ **写一写**

① 硝酸盐氮对人体会造成什么危害？我国规定饮用水硝酸盐含量标准为多少？

② 铁还原法去除地下水中硝酸盐氮的方法原理是什么？

③ 如何测定饮用水中硝酸盐氮的含量？

二、认识硝酸盐氮含量的测定方法

 看一看

水中硝酸盐氮的测定方法较多，常用的有酚二磺酸光度法、镉柱还原法、戴氏合金还原法、紫外分光光度法、离子色谱法、电极法等，其测定仪器见图5-1。其中，酚二磺酸光度法测量范围较宽，显色稳定；镉柱还原法适用于测定水中低含量的硝酸盐；戴氏合金还原法对严重污染并带深色的水样最为适用；离子色谱法需有专用仪器，但可同时和其他阴离子联合测定；紫外分光光度法和电极法常作为在线快速方法，尤其是电极法采用流通池后可保证电极性能良好，不易受检测水体的沾污和损坏。

水样采集后应及时进行测定。必要时，应加硫酸使pH<2，保存在4℃以下的环境中，在24h内进行测定。

1. 酚二磺酸光度法

硝酸盐在无水情况下与酚二磺酸反应，生成硝基二磺酸酚，在碱性溶液中，

(a) 紫外-可见分光光度计　　　(b) 离子色谱仪　　(c) 硝酸盐氮在线自动监测仪

图 5-1　硝酸盐氮测定用仪器

生成黄色化合物，用分光光度计在 410nm 波长处比色测定。水中含氯化物、亚硝酸盐、铵盐、有机物和碳酸盐时，可产生干扰。本法最低检出限为 0.02mg/L，测定上限为 2.0mg/L。适用于测定饮用水、地下水和清洁地表水。

2. 紫外分光光度法

利用硝酸根离子在紫外区 220nm 波长处的吸收而定量测定硝酸盐氮。溶解的有机物在 220nm 处和 275nm 处均有吸收，而硝酸根离子在 275nm 处没有吸收。因此，在 275nm 处作另一次测量，以校正硝酸盐氮值。溶解的有机物、表面活性剂、亚硝酸盐、六价铬、溴化物、碳酸氢盐和碳酸盐等干扰测定，需进行适当的预处理。本法采用絮凝共沉淀和大孔中性吸附树脂进行处理，以排除水样中大部分常见有机物、三价铁、六价铬及浊度对测定的干扰。本法适用于清洁地表水和未受明显污染的地下水中硝酸盐氮的测定，其最低检出限为 0.08mg/L，测量上限为 4mg/L。

3. 离子色谱法

利用离子交换的原理，连续对多种阴离子进行定性和定量分析，水样注入碳酸盐-碳酸氢盐溶液并流经系列的离子交换树脂，基于待测阴离子对低容量强碱性阴离子树脂（分离柱）的相对亲和力不同来实现彼此分开。被分开的阴离子在流经强碱性阳离子树脂（抑制柱）时，被转换为高电导的酸性阴离子，碳酸盐-碳酸氢盐则转变成弱电导的碳酸（清除背景电导）。用电导检测器测量被转变为相应酸性的阴离子，与标准进行比较，根据保留时间定性，根据峰高或峰面积定量。适用于地表水，饮用水，污水，电子、电镀、生化等一般工业废水中无机阴离子硝酸盐氮的测定。

4. 离子选择性电极流动注射法

试液与离子强度调节剂分别由蠕动泵引入系统，经过一个三通管混合后引入流通池，由流通池喷嘴口喷出，与固定安装在流通池内的离子选择性电极接触，该电极与固定在流通池内的参比电极产生电动势。该电动势与试液中硝酸盐氮浓度的变化遵守能斯特方程，记录稳定电位值（每分钟不超过1mV）。由浓度的对数与电位的校准曲线计算出硝酸盐氮的含量。本方法适用于地表水，饮用水，污水，电子、电镀、生化等一般工业废水中硝酸盐氮的测定。方法检出限为0.2mg/L，线性测量范围为1.00～1000mg/L。

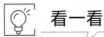写一写

① 根据分析任务书，我们要在规定的限期内完成检测工作。首先大家回顾所学习的相关内容，讨论"分析方法的选择要注意哪些问题"，列出不少于3点的注意事项。

a. _____
b. _____
c. _____

② 请查阅相关的标准，罗列出该检测项目可采用的检测方法和特征并填表。

检测项目	国标	检测方法	特征 （主要仪器设备）
硝酸盐氮			

三、认识紫外分光光度法所用仪器和使用方法

看一看

分子的紫外-可见吸收光谱是由于分子中的某些基团吸收了紫外-可见辐射光后，发生了电子能级跃迁而产生的吸收光谱。由于各种物质具有各自不同的分子、原子和不同的分子空间结构，其吸收光能量的情况也就不会相同，因此，每种物质就有其特有的、固定的吸收光谱曲线（如图5-2所示），根据吸收光谱中特征吸收峰的波长和强度可以进行物质的鉴定和纯度的检查。影响紫外-可见吸收光谱曲线的因素有溶剂、溶液酸度、溶液浓度和温度等，因此在进行定性或定量分析时，要选择相同条件。

紫外吸收光谱定性分析一般采用比较光谱法。所谓比较光谱法是将经提纯的样品和标准物用相同溶剂配成溶液，并在相同条件下绘制吸收光谱曲线，比

较其吸收光谱是否一致。如果紫外吸收光谱曲线完全相同（包括曲线形状、λ_{max}、λ_{min}、吸收峰数目、拐点及 ε_{max} 等），则可初步认为是同一种化合物。为了进一步确认可更换另一种溶剂重新测定后再作比较。紫外分光光度法定量分析与可见分光光度法定量分析的依据和方法相同，在进行紫外定量分析时应选择好测定波长和溶剂。一般选择 λ_{max} 作测定波长，若在 λ_{max} 处共存的其他物质

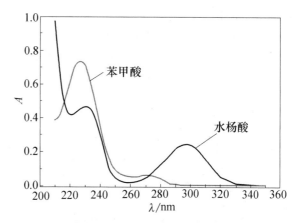

图 5-2　苯甲酸和水杨酸的吸收光谱曲线

也有吸收，则应另选 ε 较大、而共存物质没有吸收的波长作测定波长。选择溶剂时要注意所用溶剂在测定波长处应没有明显的吸收，而且对被测物溶解性要好，不和被测物发生作用，不含干扰测定的物质。配制合适浓度的标准溶液绘制工作曲线进行样品的定量分析。

第一台紫外-可见分光光度计于 1918 年由美国国家标准局研制成功。此后，经不断改进又出现自动记录、自动打印、数字显示、微机控制等各种类型的紫外-可见分光光度计，使分光光度法的灵敏度和准确度不断提高，应用范围不断扩大。在水质的常规检测中，紫外-可见分光光度法占有较大的比重。由于水和废水的成分复杂多变，待测物的浓度和干扰物的浓度差别很大，在具体分析时必须选择好分析方法。

写一写

以美谱达 UV-1800PC-DS2 型紫外-可见分光光度计（如图 5-3 所示）和 M. wae professional 应用软件进行样品的定量分析为例。通过观看仪器使用的操作视频，归纳基本操作步骤。

① 开机预热：打开＿＿＿＿电源，Windows 完全启动后，打开＿＿＿＿电源，仪器进行自检。自检结束，仪器预热＿＿＿min 后进入测量状态。如需跳过预热可按＿＿＿＿键。

紫外-可见分光光度计基本操作

② 数据格式设置：在计算机窗口上双击＿＿＿＿图标，进入工作界面。在选项窗口设置用户信息和数据格式等参数（如图 5-4 所示），一般吸光度保留至小数点后＿＿位，浓度保留至小数点后＿＿位。检查仪器是否正常联机，如未联机，则点击＿＿＿＿。

③ 比色皿配套性检验：将装有＿＿＿＿的比色皿放入样品室，波长设置为＿＿＿nm。以第一个比色皿进行＿＿＿＿，依次将其他比色皿置入光

路，观察对话框显示的_____和_____，如果比色皿不符合配套性要求，可以更换一套比色皿重新测定；如果符合要求，记录吸光度的数值。

④ 定量分析参数设置：打开定量分析界面，点击快捷工具栏上的_____，选择或设置_____

_____（如图 5-5 所示）。

⑤ 比色皿校正：在工具栏点击设备，在下拉菜单点击_____，再点击_____，点击确定。按提示拉出试样槽架拉杆，点击确认。如未放入比色皿，则点击取消。

⑥ 标准工作曲线的绘制：将装有_____的比色皿按浓度由_____到_____的顺序依次放入样品室，用参比溶液_____后，分别测定其他溶液的_____，得出工作曲线。根据需要点击_____，调节横纵坐标最大值。

⑦ 未知样品的测定：将标准溶液换成_____，分别测其_____，同时显示_____。

⑧ 测量结束：保存_____、关闭软件、关闭_____，取出_____洗净，填写_____记录。

图 5-3　UV-1800PC-DS2 型紫外-可见分光光度计

图 5-4　数据格式设置

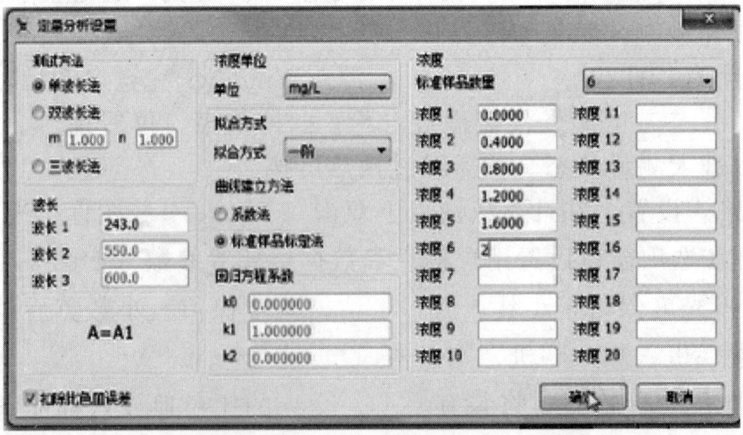

图 5-5　定量分析参数设置

> **素质拓展阅读**

抗击新冠的爱国小故事

通过学习我们知道，硝酸盐氮是对人体有害的物质。然而在我们身边，威胁群众生命健康的物质还包括病毒。在 2020 年初，一场突如其来的新型冠状病毒感染的肺炎肆虐湖北。湖北告急，全国各地驰援，一场人与病毒的抗战拉开序幕。

一位头戴橘色环卫帽的大爷将 12000 元钱郑重地拍在派出所的桌子上，转身就走。12000 元在全国人民庞大的捐款数目前也许并不算什么，却不知是他省吃俭用多久攒出来的。凌晨，男子驾车将一箱价值千金的口罩送给民警，问及姓名，他只说自己是"中国人"。云南边境，93 户村民自发骑摩托捐赠自家的 22 吨香蕉。他们中几乎一半是建档立卡贫困户，他们并不富裕，却愿意尽自己所能，奉献所有。一位山东大哥开重卡为武汉运送蔬菜，途中全靠煎饼饱腹。一名外卖小哥马不停蹄地奔波着，却不敢告知父母其实他们在往医院送餐。

国难当头，我们体会到生命的脆弱，也感受到了生活的温情。如今，疫情已经在我国得到了有效的控制，这也是我们全国人民万众一心，舍小家为大家，共同抗击疫情换来的。大家团结一心，众志成城，相信在华夏儿女的共同努力下，我们的国家会建设得更好。

制订与审核计划

一、编制任务分析报告

（1）基本信息

编号	项目	主要内容	备注
1	委托样品		
2	样品信息		

编号	项目	主要内容	备注
3	样品存放条件		
4	样品处置 5	样品存放时间	
6	检测项目		
7	检测参照标准		
8	出具报告时间		
9	出具报告地点		

(2) 任务分析

① 依据参照标准对水中硝酸盐氮测定采用的检测方法是什么？

② 该检测方法的基本原理是什么？

③ 根据选择的方法，列出所使用的仪器设备。

二、编制工作流程

(1) 分析检测项目的主要工作流程一般可分为五个部分完成，分别是配制溶液、确认仪器状态、验证检测方法、实施分析检测和出具检测报告。请将各部分的主要工作任务填入下表

序号	工作流程	主要工作任务
1	配制溶液	
2	确认仪器状态	
3	验证检测方法	
4	实施分析检测	
5	出具检测报告	

(2) 请你分析本项目选择的检测方法，并参照相应的国家标准，将工作流程和需要完成的具体工作任务列入下表（本项目检测所用的方法前期已经通过了验证）

序号	工作流程	主要工作任务	注意事项

三、编制试剂、仪器设备清单

(1) 为了完成检测任务，将需要用到的化学试剂列入下表

序号	试剂名称	规格

(2) 为了完成检测任务，将所需溶液及配制方法填入下表

序号	溶液名称	含量(浓度)/(g/mL)	所需数量/mL	配制方法

(3) 为了完成检测任务，将需要用到的仪器设备情况填入下表

序号	设备名称	规格(型号)	数量	用途	仪器维护情况

(4) 阅读国标 HJ/T 346—2007《水质 硝酸盐氮的测定 紫外分光光度法（试行）》，该方法中参比溶液应如何配制？

_____
_____
_____
_____

(5) 如果要配制 0.08mg/mL 的硝酸盐氮标准贮备液，应如何配制？

_____
_____
_____
_____

(6) 如果用 36% 的浓盐酸配制 2mol/L 盐酸溶液 500mL，试确定浓盐酸的移取体积应为多少？写出计算过程

_____

四、编制检测方案

方案名称：_____

(1) 任务目的及依据（概括说明本次任务的目的及相关标准和技术资料）

(2) 工作内容安排（列出主要的工作流程、工作内容、仪器设备及试剂和时间安排等）

工作流程	工作内容	时间安排

主要的仪器设备及试剂		
序号	仪器设备及试剂、溶液	数量

(3) 安全注意事项及防护措施和环境保护措施

五、审核检测方案

(1) 各小组展示检测方案（海报法或照片法），并做简单介绍
(2) 小组之间互相点评，记录其他小组对本小组的评价意见
(3) 结合教师点评，修改完善本组检测方案

评价小组	计划制订情况(优点和不足)	小组互评分	教师点评
	平均分：		

注：1. 小组互评可从计划的完整性、合理性、条理性、整洁程度等方面进行评价；
2. 对其他小组的实验计划进行排名，按名次分别计 10、9、8、7、6 分。

素质拓展阅读

学会包容多和谐

在一个团队中，只有相互包容，互相理解，才能展现出一个团队的斗志，展现出他们共同奋斗、齐头并进的精神，而不会因为谁对谁有偏见，就不尽力去发挥自己的力量。在《西游记》中，唐僧、孙悟空、沙和尚和猪八戒四人组成了西天取经的团队，他们性格各异、兴趣不同，却能最终历经磨难，取得真经。对此我们不禁会感到诧异：这四个人在各方面差异如此之大，竟然能组成一个团体，而且相处得很融洽，甚至做出取得西天真经的大事，这其中到底有什么秘诀？秘诀就是他们之间团结协作、优势互补、互相包容，最终使得团队得以顺利完成任务。在小组合作的过程中对待团队成员一定要抱着宽容的心态，讨论问题的时候对事不对人，即使他人犯了错误，也要本着大家共同进步的目的去帮对方改正，共同营造和谐的小组氛围，而不是一味斥责。

一、溶液配制

（1）请查阅标准，完成标准溶液及其他溶液的配制，并做好原始记录

① 硝酸盐标准贮备液配制　称取_____（试剂纯度等级）_____（试剂预先处理方法）硝酸钾_____g，溶于水，移入250mL容量瓶中，稀释至标线，加_____（体积）三氯甲烷作保存剂，混匀。该贮备液可稳定_____个月。

浓度计算：

_____

② 0.8％的氨基磺酸溶液配制　称取_____g氨基磺酸溶于50mL蒸馏水中，应盛装在_____避光低温保存。

③ 1mol/L的盐酸溶液的配制　量取_____mL浓盐酸，注入_____烧杯中，混匀后转移至试剂瓶。

④ 硝酸盐标准系列溶液的配制　配制过程：_____

_____

_____

标准系列溶液的浓度计算：

_____

⑤ 待测样品的处理过程　_____

_____

_____

(2) 在溶液配制过程中出现的异常现象及处理方法

_____

_____

二、实施检测

(1) 仪器准备

① 紫外-可见分光光度计开机时间：_____，预热时间共_____min。

② 比色皿配套性检查：选取_____（石英或玻璃）比色皿，比色皿厚度_____cm。

两个比色皿的吸光度 $A_1 = 0.000$，$A_2 =$ _____，这两个比色皿_____（可以/不可以）配成一套。如不能配成一套，则更换比色皿，其吸光度为_____。

(2) 样品测定，填写分析原始记录　对原始记录数据进行计算，并将计算结果填写在原始记录报告单上。

编号：
样品类别：
样品状态：　　　　　　　　　　　检测日期：
检测项目：
检测依据(国标)：
检测地点：　　　　室内温度/℃：　　　　室内湿度/%：

一、测量条件
测定波长：_____，比色皿规格：_____，参比溶液：_____

二、工作曲线绘制
标准贮备液浓度：_____

标准系列溶液编号	移取贮备液体积/mL	标准系列溶液浓度/(mg/L)	220nm 吸光度 A_{220}	275nm 吸光度 A_{275}	校正后吸光度 $A_{校}=A_{220}-2A_{275}$
1					
2					
3					
4					
5					
6					

线性回归方程：_____，线性相关系数：_____

三、样品测定

标准系列溶液编号	移取水样体积/mL	220nm 吸光度 A_{220}	275nm 吸光度 A_{275}	校正后吸光度 $A_{校}=A_{220}-A_{275}$	水样中硝酸盐氮的含量/(mg/L)
1					
2					
3					

相关计算公式：
水样中硝酸盐氮的平均浓度：_____ mg/L

检验人：　　　　　　　　　　　复核人：

三、关机和结束工作

(1) 紫外-可见分光光度计 _____
(2) 比色皿 _____
(3) 玻璃器皿 _____
(4) 其他 _____

四、分析测试数据评判

(1) 相关规定

① 精密度（相对标准偏差）≤1.0%，满足精密度要求；精密度（相对标准偏差）>1.0%，不满足精密度要求。

② 标准工作曲线线性相关系数≥0.9995，满足线性要求；标准工作曲线线性相关系数<0.9995，不满足线性要求。

(2) 实际水平

① 精密度判断

样品编号	硝酸盐氮含量/(mg/L)	相对标准偏差/%	判定结果是或否

② 工作曲线线性相关系数判断

样品编号	线性相关系数	判定结果是或否

(3) 若不满足规定要求时，请小组讨论，说明可能是什么原因造成的？

_____
_____
_____
_____

注意事项

① 开机前将样品室内的干燥剂取出，仪器自检过程中禁止打开样品室盖。

如果仪器不能初始化，关机重启。

② 比色皿内溶液以皿高的 2/3～4/5 为宜，不可过满以防液体溢出腐蚀仪器。测定时应保持比色皿清洁，比色皿外壁的溶液应用擦镜纸擦干，切勿用手捏透光面。

③ 测定时，禁止将溶液洒落在仪器的表面上，如有溶液溢出或其他原因将样品槽弄脏，要及时清理干净。

④ 实验结束后将比色皿中的溶液倒尽，然后用蒸馏水或有机溶剂冲洗干净，倒立晾干。关闭仪器电源，将干燥剂放入样品室内，盖上防尘罩，做好使用登记，得到管理老师认可后方可离开。

⑤ 如果测量的吸光度值异常，依次检查：波长设置是否正确（如有误重新调整波长，并重新调零）、测量时是否调零（如错误操作，重新调零）、比色皿是否用错（紫外光区测量时，要用石英比色皿）、样品准备是否有误（如有误，重新准备样品）。

素质拓展阅读

坚持原则　实事求是

真实、准确的数据能反映水环境或大气环境的状况。异常的数据就是命令，能促使生产现场依据数据及时进行污水或废气处理。相反，失真的数据使检验失去了意义，更谈不上把关和预防的职能。

2019 年，武汉某检测公司因伪造监测数据而被禁止参与政府购买环境监测服务和政府委托项目，并将该公司法人代表、实验室质量负责人、授权签字人、采样人员列入弄虚作假不良记录名单，同时将该公司数据弄虚作假行为向社会公开，并移交湖北省市场监督管理局。违纪问题为：报告纸质原始记录中 O_2 浓度（9.3%～10.4%）与采样器设备电子存储记录 O_2 浓度（20.7%～21.1%）不一致；样品交接时间与实际不符，涉嫌实验室分析样品为非实际采样的样品；报告原始记录中采样点呈垂直分布，与实际的平行烟道不符。

这个案例给了我们警示，作为检验人员，应具备良好的职业操守，在检验工作中遵纪守法、坚持原则、实事求是，注意自己第三方的身份，自觉抵制各种诱惑，保持公正、客观、独立。

检查与改进

一、对照下列核心技术考核表，进行自我评分

序号	作业项目	配分	操作要求	记录 Y/N	扣分说明	扣分	得分
一	文明安全操作	8	按照实验室及个人安全防护要求穿戴实验服、安全眼镜及各类型手套,长发必须挽起,佩戴实验帽		一次性扣3分		
			所用到的玻璃器皿应贴有标签(或记号笔做标记)		每错一项扣1分,扣完为止		
			工作场所整洁,没有试剂洒落或溶液溢出				
			实验中,废固和废液不乱扔乱倒				
			实验后,清洁实验台位,无试剂、试液和废固残留				
			无玻璃器皿损坏				
			实验过程中仪器、器皿摆放有序,不乱扔乱放,始终保持工作场所整洁		一次性扣2分		
二	硝酸钾基准物称量	9	称量前检查天平水平		每错一项扣1分		
			校正零点前清扫天平				
			手不直接接触称量瓶或称量瓶不接触样品接收容器				
			样品无洒落在工作台或天平内				
			称量结束清扫、复原天平并做使用登记				
			理论称样量计算正确				
			称样质量范围在±5%以内		一次性扣3分		
三	容量瓶操作	5	容量瓶试漏符合要求		错一项扣1分		
			溶样完全,无固体颗粒和悬浮物质				
			溶液转移动作正确、规范				
			容量瓶定容符合规范要求				
			容量瓶摇匀动作准确、规范				

续表

序号	作业项目	配分	操作要求	记录 Y/N	扣分说明	扣分	得分
四	溶液移取	9	润洗吸量管、移液管且方法正确		每错一项扣 1 分		
			移液、放液时,移液管(吸量管)竖直				
			移液管(吸量管)放液时,管尖靠壁				
			放液后停留约 15s				
			没有吸空现象		一次性扣 2 分		
			不从容量瓶或原瓶中直接移取溶液		一次性扣 3 分		
五	标准系列溶液配制	10	配制方法符合方案要求		一次性扣 5 分		
			包括空白溶液,共 7 个数据点		一次性扣 5 分		
六	仪器操作	10	操作前光度计自检、预热 20min 以上		每错一项扣 1 分		
			比色皿配套一致性检验波长正确 (220nm)				
			比色皿配套一致性检验溶液为蒸馏水				
			不用手触及比色皿透光面,不用滤纸等粗糙的物品擦拭透光面				
			定量测定波长设置正确,220nm、275nm		一次性扣 3 分		
			参比溶液配制符合方案要求		一次性扣 3 分		
七	原始记录	6	有效数字无错误,使用法定计量单位		一次性扣 2 分		
			数据及时记录,直接填在报告单上		一次性扣 2 分		
			原始记录单报告完整、清晰		一次性扣 2 分		
八	检测用时	3	按要求时间内完成		一次性扣 3 分		
	合计		60				
	实际总成绩						

二、针对存在问题进行练习

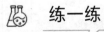 练一练

标准系列溶液配制、工作曲线绘制、比色皿配套性检验等。

三、撰写实验报告，并出具检测报告

① 如果检测数据评判合格，撰写检测报告，需包含实验必需的过程、数据，同时说明该任务中有哪些必需的健康和安全措施，以及操作过程中是否需要采取环保措施。

② 按照报告单的填写程序和填写规定认真规范填写委托样品检测报告；如果评判数据不合格，需要重新检测数据，合格后填写委托样品检测报告。

××分析测试中心检测报告

报告编号：

样品名称：＿＿＿＿＿＿＿＿＿＿ 检测类别：＿＿＿＿＿＿＿＿＿＿

送检单位：＿＿＿＿＿＿＿＿＿＿ 样品来源：＿＿＿＿＿＿＿＿＿＿

样品状态：＿＿＿＿＿＿＿＿＿＿ 包装情况：＿＿＿＿＿＿＿＿＿＿

采样地点：＿＿＿＿＿＿＿＿＿＿ 采样人员：＿＿＿＿＿＿＿＿＿＿

采样时间：＿＿＿＿＿＿＿＿＿＿ 检测时间：＿＿＿＿＿＿＿＿＿＿

检测项目：＿＿＿＿＿＿＿＿＿＿

检测依据：＿＿＿＿＿＿＿＿＿＿

检测环境条件：室温/℃＿＿＿＿＿＿＿＿＿ 相对湿度/％＿＿＿＿＿＿＿＿＿

主要检测仪器设备：

检验结果：

检测项目	检测值	标准值

检验结论：

检测员：　　　　　　　审核：　　　　　　　签发：

> **素质拓展阅读**
>
> ### 把控精度，认真专注
>
> 　　2021年，6月17日15时54分，神舟十二号载人飞船与天和核心舱完成自主快速交会对接，聂海胜、刘伯明、汤洪波3名航天员开启为期3个月的飞行任务，并成为中国载人航天进入空间站阶段后的首批太空访客。而聂海胜作为神舟十二号航天员乘组指令长，再次引起了全国人民的关注。
>
> 　　中国空间站的计划分成了关键技术验证、组装建造、运营三个阶段，目前我国正处于关键技术验证的阶段，这个阶段是整个计划的基础。航天员的操作直接决定着试验的成败，一分一厘都不能出错，需要航天员保持高度的专注。航天员的标准何其苛刻，聂海胜是靠着每天极度艰苦的训练，才让自己能在太空进行精准操作。之前为了能够完成神舟十号的手控交会对接，聂海胜光这一项就练了两千多次，每一次都需要高度专注，才能把精度控制在十环内。正是聂海胜日复一日专注细致地训练，在精度范围内不断检查和改进，才确保了每次航天任务的顺利完成。聂海胜专注的工匠精神，使我国的航天试验的成功得到了有效的技术保障。

评价与反馈

一、个人任务完成情况综合评价

依据下表进行自评、互评和教师评价。

项目	项目要求		配分	评分细则	自评得分	小组评价	教师评价
素养20分	纪律情况6分	按时到岗，不早退	2	缺勤全扣，迟到、早退一次扣1分			
		积极思考问题	3	根据上课统计情况得1～3分			
		学习用品准备	1	主动准备好学习用品并齐全得1分			
		执行教师命令	0	此为否定项，违规酌情扣10～100分			

续表

项目	项目要求		配分	评分细则	自评得分	小组评价	教师评价
素养 20 分	职业道德 12 分	主动与他人合作	3	主动合作得 2 分,被动合作得 1 分			
		主动帮助同学	3	能主动帮助同学得 2 分,被动得 1 分			
		工作严谨,认真	2	对工作精益求精效果明显得 2 分,对工作认真得 1 分,其余不得分			
		数据填写	4	客观真实得 4 分,篡改数据得 0 分			
	成本、节约意识 2 分		2	有成本意识,使用试剂耗材节约得 1～2 分			
核心技术 60 分	核心技术考核分(见活动五"核心技术考核"):_____						
工作完成情况 20 分	按时提交		5	按时提交得 5 分,迟交得 0 分			
	书写整齐		5	字迹工整、清楚,视情况 1～5 分			
	内容完成度		5	按完成情况分别得 1～5 分			
	回答准确率		5	视准确率情况分别得 1～5 分			
合计			100				
总分[加权平均分(自评×20%＋小组评价×30%＋教师评价×50%)]							
组长签字				教师签字			

二、撰写项目总结

(1) 任务说明

_____

_____

_____

_____

(2) 工作过程中遇到的问题及解决措施

_____

_____

（3）个人工作、学习状态评述（从素养的自我提升方面、职业能力的提升方面进行评述，分析自己的不足之处，描述对不足之处的改进措施）

三、小组任务完成情况汇报

① 以小组为单位，组员对自己完成任务的情况进行小结发言，最满意的是什么？最大的不足是什么？改进措施有哪些？

② 结合小组组员的发言，各组组长针对本组任务完成情况在班级进行汇报。对本组的工作最满意的是什么？存在的主要问题和改进措施有哪些？

素质拓展阅读

知错就改是走向成功的阶梯

在每次评价活动中，我们可能会经常面临别人指出自己的错误的局面，这时候我们不应掩饰、否认或推卸责任，而应敢于承认错误。列宁曾说过："聪明的人并不是不犯错误，只是他们不犯重大错误同时能迅速纠正错误。"人非圣贤、孰能无过；知错能改、善莫大焉！一个人难免犯错误，关键在于犯错之后能否正确对待，及时纠正，跨越失败走向成功。

楚庄王初登基时，日夜在宫中饮酒取乐，不理朝政。后来臣下用"三年不鸣，一鸣惊人"的神鸟故事启发他，并以死劝谏，终于使他决心改正错误，认真处理朝政，立志图强，楚国终于强大起来，楚庄王也位列"春秋五霸"之一。春秋时，晋灵公无道，滥杀无辜，臣下士季对他进谏，灵公当即表示："我知过了，一定要改"士季很高兴地对他说："人谁无过？过而能改，善莫大焉。"遗憾的是，晋灵公言而无信，残暴依旧，最后终被臣下刺杀。可见，知错就改，可成大业，知错不改，一败涂地！

拓展专业知识

 想一想

① 紫外-可见分光光度计的基本组成部件有哪些？在可见光区测定和紫外光区测定有何区别？
② 紫外-可见分光光度计在使用前如何进行校验？
③ 紫外-可见分光光度法定量分析中影响结果准确度的因素都有哪些？
④ 紫外吸收光谱在化合物定性鉴定方面有哪些主要的应用？

相关知识

一、紫外-可见分光光度计的基本组成部件

紫外-可见分光光度计的型号较多，但它们的基本构造相似，都由光源、单色器、样品吸收池、检测器和信号显示系统五大部件组成，其结构示意图见图5-6。

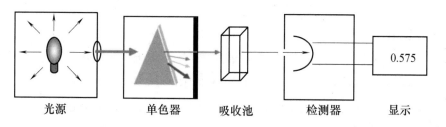

图 5-6　紫外-可见分光光度计结构示意图

其基本工作过程：由光源发出的光，经单色器获得一定波长单色光照射到样品溶液，被吸收后，经检测器将光强度变化转变为电信号变化，并经信号指示系统调制放大后，显示或打印出来吸光度 A（或透光率 τ），完成测定。

1. 光源

光源的作用：提供激发能，使待测物质的分子产生吸收。

对光源的要求：在整个紫外光区或可见光区可以发射连续光谱，具有足够的辐射强度、较好的稳定性、较长的使用寿命。

（1）可见光光源　钨丝灯是最常见的可见光光源，可发射 325～2500nm 范围内的连续光谱。目前常用卤钨灯代替钨丝灯。卤钨灯（见图 5-7）与钨丝灯相比，具有较长的寿命和高的发光效率。

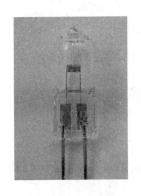

图 5-7　卤钨灯

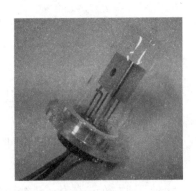

图 5-8　氘灯

（2）紫外光光源　紫外光光源应用较多的是氢灯及其同位素氘灯，使用波长范围为 185～375nm。氘灯（见图 5-8）与氢灯相比，光强要高 3～5 倍，寿命也更长。

2. 单色器

单色器的作用：把光源发出的复合光分解为单色光，并从中选出任一波长的单色光。

单色器的组成：一般由入射狭缝、准光装置、色散元件、聚焦装置、出射狭缝五部分组成。其核心组成部分是色散元件，起着分光的作用。最常用的色散元件是棱镜和光栅。

（1）棱镜单色器　常用的棱镜用玻璃或石英制成。可见分光光度计可以采用玻璃棱镜，但玻璃吸收紫外光，所以不适用于紫外光区，紫外-可见分光光度计采用石英棱镜，它适用于紫外、可见整个光谱区。棱镜单色器光路示意图如图 5-9 所示。

（2）光栅单色器　光栅是在玻璃表面上每毫米内刻有一定数量等宽等间距的平行条痕的一种色散元件。常用的光栅单色器为反射光栅单色器，它又分为平面反射光栅和凹面反射光栅两种，其中最常用的是平面反射光栅。由于其分辨率比棱镜单色器分辨率高，而且它可用的波长范围也比棱镜单色器宽，因此目前生产的紫外-可见分光光度计大多采用光栅作为色散元件。光栅单色器光路示意图如图 5-10 所示。

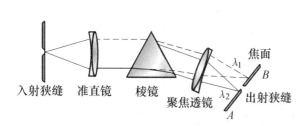

图 5-9 棱镜单色器光路示意图

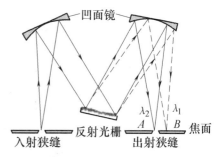

图 5-10 光栅单色器光路示意图

需要注意的是：无论何种单色器，出射光光束常混有少量与仪器所指示波长不同的光波，即"杂散光"。杂散光会影响吸光度的正确测量，其产生主要原因是光学部件和单色器内外壁的反射或大气及光学部件表面上尘埃的散射等。为了减少杂散光，单色器用涂以黑色的罩壳封起来，通常不允许任意打开罩壳。

3. 吸收池

吸收池又叫比色皿，是盛放样品溶液和决定透光液层厚度的器件，如图 5-11 所示。它具有两个相互平行、透光且具有

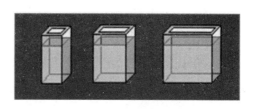

图 5-11 吸收池示意图

精确厚度的平面。玻璃吸收池用于可见光区，石英吸收池用于紫外光区。吸收池的光程长度一般为 1cm，也有 0.1~10cm 的。由于吸收池厚度存在一定误差，其材质对光不是完全透明的，在做定量分析时，对吸收池应做配套性试验，试验后标记出放置方向。

4. 检测器

检测器是一种光电转换设备。它将光信号转变成可测量的电信号并显示出来。在简易型可见分光光度计中，使用光电池或光电管做检测；中高档紫外可见分光光度计常用光电倍增管做检测器。

5. 信号指示系统

信号指示系统包括放大器和结果显示装置。早期的分光光度计用表头读数，20 世纪 70 年代以来，采用数字读出装置。现代的分光光度计在主机中装备有微处理机或外接计算机，控制仪器操作和处理测量数据；装有屏幕显示、打印机和绘图仪等，使测量精密度、自动化程度提高，应用功能增加。

 写一写

① 结合 TU-1900 光源室结构图（如图 5-12 所示），回答下列问题：

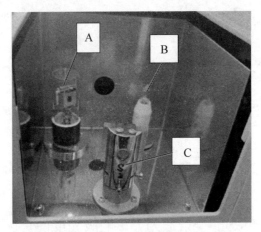

图 5-12　TU-1900 光源室结构图

a. 图中光源 A 是_____，B 是_____。
b. 图中部件 C 是_____，其主要作用是_____。
c. 测定食品中防腐剂的含量，应选用的光源是_____；测定水中铁的含量，应选用的光源是_____；测定水中硝酸盐氮的含量，应选用的光源是_____。

② 观察单色器光学系统原理图（如图 5-13 所示），结合所学知识，归纳总结光路的过程。

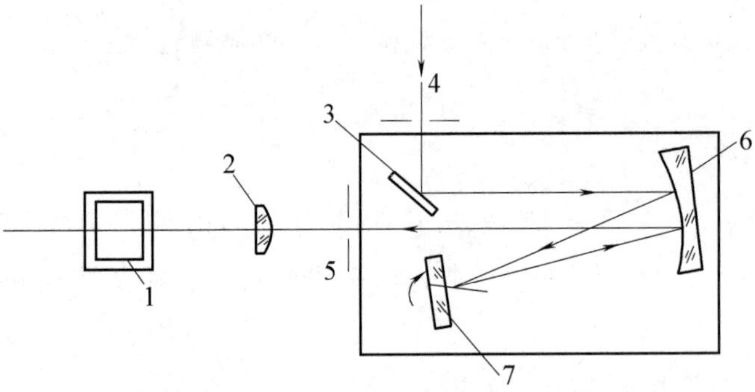

图 5-13　单色器光学系统原理图
1—样品池；2—聚光镜；3—平面反射镜；4—入射狭缝；
5—出射狭缝；6—球面反射镜；7—平面光栅

③ 吸收池有玻璃吸收池和石英吸收池两类，测定食品中防腐剂的含量时应选择_____，测定水中铁的含量时应选择_____。

④ 请结合所学知识，总结归纳吸收池使用过程中的不正确方法。（至少总结 4 条）

二、紫外-可见分光光度计类型

根据光路分，紫外-可见分光光度计可分为单光束和双光束分光光度计；按测量时提供的波长数可分为单波长分光光度计和双波长分光光度计。

1. 单光束单波长分光光度计

单光束单波长分光光度计光路如图 5-14 所示。一束经过单色器的光，轮流通过参比溶液和样品溶液，进行光强度的测定。早期的分光光度计都是单光束的，如 721 型、722 型、7504 型、UV9600 等型号。

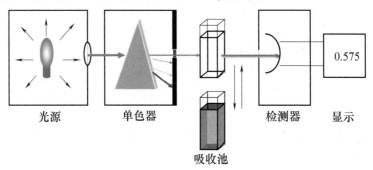

图 5-14　单光束单波长分光光度计光路示意图

单光束单波长分光光度计的特点是结构简单，价格便宜，适宜作定量分析。缺点是要求光源和检测系统具有高度的稳定性，且无法进行自动波长扫描，因为每一波长位置必须校正一次空白。

2. 双光束分光光度计

双光束分光光度计是将单色器色散后的单色光分成两束，一束通过参比池，一束通过试样池，一次测量即可得到试样溶液的吸光度。其光路如图 5-15 所示，双光束分光光度计的特点是便于进行自动记录，由于试样和参比信号进行反复比较，消除了光源不稳定、放大器增益变化以及光学和电子学元件对两条光路的影响。

3. 双波长分光光度计

当试样溶液浑浊或背景吸收大或与共存组分的吸收光谱相互重叠有干扰时，宜采用双波长分光光度法进行测定。双波长分光光度计的光路简图见图 5-16。

从光源发出的光经过单色器后得到不同波长的两束单色光，利用切光器使

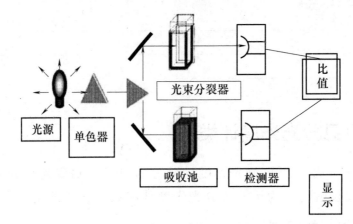

图 5-15　双光束分光光度计光路示意图

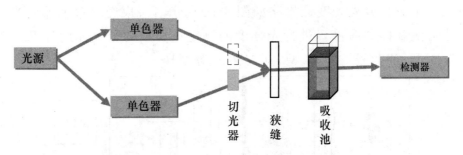

图 5-16　双波长分光光度计光路示意图

两束光以一定的频率交替通过同一吸收池到达检测器,由测量系统显示出两个波长下吸光度的差值。

这类仪器的特点是不用参比溶液,只用一个待测溶液,因此可以消除背景吸收干扰,包括待测溶液与参比溶液组成的不同及吸收液厚度的差异的影响,提高了测量的准确度。它特别适合混合物和浑浊样品的定量分析,可进行导数光谱分析等。其不足之处是价格昂贵。

写一写

请看单光束分光光度计光路示意图,回答问题。

① 示意图中 A 所示的结构名称是_____,其中组件 4 是_____,其主要作用是_____。

② 如果需要更换部件 1 和 2,则更换时需要注意:_____和_____。

③ 示意图中 B 所示的结构是_____。其核心部件是_____(填写部件编号),名称是_____。作为分光光度计的核心部件,它有两种类型,分别是_____和_____。

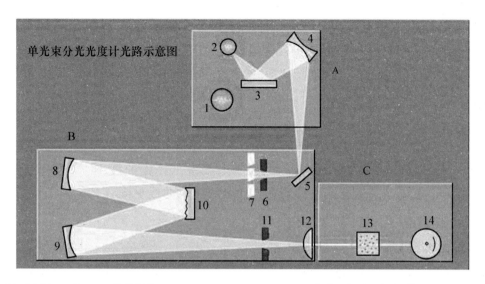

单光束分光光度计光路示意图

④ 部件 6 和 11 分别是_____、_____，它们在光路中作用的不同点是_____。

⑤ 部件 9 和 8 的作用有什么不同？_____

⑥ 部件 12 的作用是_____。

三、紫外-可见分光光度计的校验

为保证测试结果的准确可靠，新制造、使用中和修理后的分光光度计都应定期进行检定。国家技术监督局批准颁布了各类紫外、可见及近红外分光光度计的检定规程。

检定规程规定了检定周期，如单光束紫外-可见分光光度计的检定周期为1年，在此期间内，仪器经修理或对测量结果有怀疑时，应及时进行检定。仪器的校验主要包括以下内容。

1. 稳定度

在分光光度计接受元件不受光情况下，调整仪器零点，使显示值为 0%，观察 3min，记录透射比示值最大变化即为暗电流稳定度；在仪器接受元件受光情况下，于仪器波长范围两端内缩 10nm 处，调整透射比为 100%，观察 3min，记录透射比示值最大变化即为光电流稳定度。

2. 波长准确度

在可见光区检验波长的准确方法是绘制镨钕滤光片的吸收光谱曲线，如图 5-17。镨钕滤光片的吸收峰为 528.7nm 和 807.7nm。如果测出的峰的最大吸收波长与仪器标示值相差±3nm以上，则需要细微调节波长刻度校正螺丝。如果测出的最大吸收波长与仪器波长显示值的差大于±10nm，则需要重新调整光源位置，或检修单色器的光学系统（应由计量部门或生产厂检修，不可自己打开单色器）。

在紫外光区检验波长准确度比较实用的方法是用苯蒸气的吸收光谱曲线来检查。具体做法是：在吸收池滴一滴液体苯，盖上吸收池盖，待苯挥发充满整个吸收池后，绘制苯蒸气的吸收光谱，如果测定的结果与苯的标准光谱曲线不一致，表示仪器波长有误差，可按说明书进行调整。苯蒸气的吸收光谱曲线见图5-18。

3. 透射比准确度

透射比准确度的检定方法有中性玻璃滤光片法（可见光区）和标准溶液法。常用的标准溶液是重铬酸钾溶液。具体操作是：配制 $w(K_2Cr_2O_7)=0.006000\%$（即1000g溶液中含 $K_2Cr_2O_7$ 0.06000g）的 0.001mol/L $HClO_4$ 标准溶液。以 0.001mol/L $HClO_4$ 为参比，以1cm的石英吸收池分别在235nm、257nm、313nm、350nm波长处测定透射比，与表5-1所列标准溶液的标准值比较，根据仪器级别，其差值应在0.8%~2.5%之间。

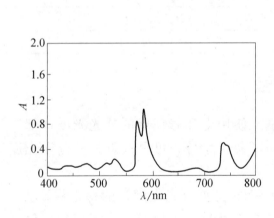

图5-17 镨钕滤光片吸收光谱曲线

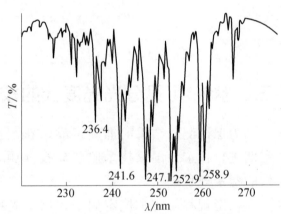

图5-18 苯蒸气的吸收光谱曲线

表5-1 $\omega(K_2Cr_2O_7)=0.006000\%$ $K_2Cr_2O_7$ 溶液的透射比

温度/℃	波长/nm			
	235	257	313	350
25	18.2	13.7	51.3	22.9

4. 吸收池配套性检验

在同一光径的石英吸收池中装蒸馏水在220nm处测定，或装30mg/L的重铬酸钾溶液在350nm处测定；玻璃吸收池装30mg/L的重铬酸钾溶液在400nm

处测定，或装蒸馏水在 600nm 处测定。将一个吸收池的透射比调至 100%，测量其他各吸收池的透射比，透射比的偏差小于 0.5% 的吸收池可配成一套。

四、影响分光光度法测定准确度的因素

一种分析方法的准确度，往往受多方面的因素影响，对于分光光度法来说也不例外。影响分析结果准确度的因素主要是溶液因素误差和仪器因素误差两方面。

1. 溶液因素误差

溶液因素误差主要是指溶液中有关化学方面的原因，包含如下两方面。

（1）待测物本身的因素引起的误差　待测物本身的因素是指在一定条件下，待测物参与了某化学反应，包括与溶剂或其他离子发生化学反应，以及本身发生离解或聚合等，本身浓度发生了改变，导致偏离光吸收定律。

（2）溶液中其他因素引起的误差　除了待测物本身的原因外，溶液中其他因素，例如溶剂的性质及共存物质的不同，都会引起溶液误差。减除这类误差的方法，一般是选择合适的参比溶液，而最有效的方法是使用双波长分光光度计。

2. 仪器因素误差

仪器因素误差是指由分光光度计所引入的误差。它包括如下几方面。

（1）仪器的非理想性引起的误差　例如，非单色光引起对光吸收定律的偏离；波长标尺未作校正时引起光谱测量的误差；吸光度受吸光度标尺误差的影响；等。

（2）仪器噪声的影响　例如，光源强度的波动、光电管噪声、电子元件噪声等。

（3）吸收池引起的误差　吸收池不匹配或吸收池透光面不平行，吸收池定位不确定或吸收池对光方向不同均会使透射比产生差异，结果产生误差。

总之，实际工作中所遇到的情况各不相同，这就要求操作者在工作中积累经验，以便做出得当的处理。

五、紫外吸收光谱在定性鉴定方面的应用

不同的有机化合物具有不同的吸收光谱，因此根据化合物的紫外吸收光谱中特征吸收峰的波长和强度可以进行物质的鉴定和纯度检查。

1. 未知试样的定性鉴定

紫外吸收光谱定性分析一般采用光谱比较法，就是将待测定的样品和标

准物在相同的条件下绘制紫外吸收光谱曲线，比较最大吸收波长和相应的摩尔吸光系数以及吸收光谱的曲线形状、吸收峰的数目是否完全相同。不同结构的化合物具有不同的吸收特性，对于相同结构的化合物，它们的紫外吸收光谱应完全相同。但是，相反的结论并非在所有的情况下都成立，即具有相同的吸收曲线，并不一定是结构相同的化合物。所以一般情况下，为了鉴定某一化合物，紫外吸收光谱还应与化学分析法及红外、质谱、核磁等方法配合使用。

2. 判断化合物的分子结构

紫外吸收光谱在研究化合物结构中的主要作用是推测官能团、结构中的共轭关系和共轭体系中取代基的位置、种类和数目：

① 如果一个化合物在 220～700nm 内无吸收，说明该化合物是脂肪烃、脂环烃或它们的简单衍生物，也可能是非共轭烯烃。

② 如果化合物在 220～250nm 范围内有强吸收带，说明分子中存在着两个共轭的不饱和键（共轭二烯或 α、β 不饱和醛、酮）。而且对于共轭双键体系结构相似的化合物，随着共轭双键的增加，化合物的最大吸收波长向长波方向移动，吸光度增大。

③ 200～250nm 范围内有强吸收带，结合 250～290nm 范围的中等强度吸收带或显示不同程度的精细结构，说明分子中有苯基存在。

④ 250～350nm 范围内有低强度或中等强度的吸收带，且峰形较对称，说明分子中含有醛、酮羰基或共轭羰基。

由紫外吸收光谱判断化合物的分子结构，应考虑吸收带的位置、强度和形状三个方面。从吸收带位置可估计产生该吸收的共轭体系的大小；吸收强度有助于识别吸收带；从吸收带形状可帮助判断产生紫外吸收的基团。

3. 化合物纯度的检测

紫外吸收光谱能检查化合物中是否含有具有紫外吸收的杂质，如果化合物在紫外光区没有明显的吸收峰，而它所含的杂质在紫外区有较强的吸收峰，就可以检测出该化合物所含的杂质。

4. 定性鉴定的方法与步骤

利用紫外-可见吸收光谱对化合物进行定性鉴定的主要步骤如下。

① 将样品尽可能提纯，以除去干扰杂质。

② 选择一种合适的溶剂，将样品配制成适宜浓度的溶液，吸光度在 0.2～0.8 范围内。

③ 在相同条件下分别测定样品与标准品的吸收光谱图并进行比较。

④ 应用化学分析法及红外、质谱和核磁等方法进一步验证。

———————— 练习题

一、单项选择题

1. 紫外光的波长范围是（　　）。
   A. 760～1000nm　　B. 400～760nm　　C. 200～380nm　　D. 200nm 以下

2. 在吸收光谱曲线上，如果其他条件都不变，只改变溶液的浓度，则最大吸收波长的位置和峰的高度将（　　）。
   A. 峰位向长波方向移动，峰高增加　　B. 峰位不移动，峰高降低
   C. 峰位不移动，峰高改变　　D. 峰位向短波方向移动，峰高不变

3. 不是单色器的组成部分的是（　　）。
   A. 棱镜　　B. 光栅　　C. 准直镜　　D. 光电管

4. 紫外分光光度计常用的光源是（　　）。
   A. 氘灯　　B. 硅碳棒　　C. 能斯特灯　　D. 荧光灯

5. 双波长分光光度计与单波长分光光度计的主要区别在于（　　）。
   A. 光源的种类及个数　　B. 单色器的个数
   C. 吸收池的个数　　D. 检测器的个数

6. 双波长分光光度计的输出信号是（　　）。
   A. 样品吸收与参比吸收之差
   B. 样品吸收与参比吸收之比
   C. 样品在测定波长的吸收与参比波长的吸收之差
   D. 样品在测定波长的吸收与参比波长的吸收之比

7. 在紫外-可见分光光度法测定中，使用参比溶液的作用是（　　）。
   A. 调节仪器透光率的零点
   B. 吸收入射光中测定所需要的光波
   C. 调节入射光的光强度
   D. 消除试剂等非测定物质对入射光吸收的影响

8. 扫描 $K_2Cr_2O_7$ 硫酸溶液的紫外-可见吸收光谱时，一般选作参比溶液的是（　　）。
   A. 蒸馏水　　B. H_2SO_4 溶液
   C. $K_2Cr_2O_7$ 的水溶液　　D. $K_2Cr_2O_7$ 的硫酸溶液

9. 常用作光度计中获得单色光的组件是（　　）。
   A. 光栅（或棱镜）+反射镜　　B. 光栅（或棱镜）+狭缝
   C. 光栅（或棱镜）+稳压器　　D. 光栅（或棱镜）+准直镜

10. 在符合朗伯-比尔定律的范围内，溶液的浓度、最大吸收波长、吸光度三者的关系是（　　）
    A. 增加、增加、增加　　B. 减小、不变、减小
    C. 减小、增加、减小　　D. 增加、不变、减小

11. 某分析工作者，在光度法测定前用参比溶液调节仪器时，只调至透光率为95.0%，测得某有色溶液的透光率为35.2%，此时溶液的真正透光率为（　　）。

　　A. 40.2%　　　　　　B. 37.1%　　　　　　C. 35.1%　　　　　　D. 30.2%

12. 在紫外吸收光谱曲线中，能用来定性的参数是（　　）。

　　A. 最大吸收峰的吸光度　　　　　　B. 最大吸收峰的波长

　　C. 最大吸收峰处的摩尔吸光系数　　D. 最大吸收峰的波长及其摩尔吸光系数

13. 一台分光光度计的校正不包括（　　）。

　　A. 波长的校正　　　　　　B. 吸光度的校正

　　C. 透射比正确度的校正　　D. 吸收池的校正

14. 双光束分光光度计与单光束分光光度计相比，其优越性是（　　）。

　　A. 可用较宽的狭缝

　　B. 光的强度可增加

　　C. 单色光纯度高

　　D. 可减免光源发射光强度不稳定引入的误差

15. 指出下列哪种不是紫外-可见分光光度计使用的检测器（　　）。

　　A. 热电偶　　　　B. 光电倍增管　　　　C. 光电池　　　　D. 光电管

二、判断题

1. 结构完全相同的物质吸收光谱完全相同，吸收光谱完全相同的物质却不一定是同一物质。　　　　　　　　　　　　　　　　　　　　　　　　　　　　　　　　（　　）

2. 在光度分析法中，溶液浓度越大，吸光度越大，测量结果越准确。（　　）

3. 在进行紫外-可见分光光度测定时，可以用手捏吸收池的任何面。（　　）

4. 校验分光光度计紫外光区的波长准确度可以用错钕滤光片的吸收曲线。（　　）

5. 双波长分光光度法和双光束分光光度法都是以空白试剂作参比的。（　　）

6. 分光光度计检测器直接测定的是吸收光的强度。　　　　　　　　（　　）

7. 在一定条件下，在紫外光谱中，同一物质，浓度不同，入射光波长相同，则摩尔吸光系数相同。　　　　　　　　　　　　　　　　　　　　　　　　　　　　（　　）

8. 有一化合物，其最大吸收位于200～400nm之间，则对这一光谱区应选用的光源为氘灯。　　　　　　　　　　　　　　　　　　　　　　　　　　　　　　　　（　　）

三、计算题

精密称取 V_{B12}（维生素B12）对照药品20.0mg，加水准确稀释至1000mL。将此溶液置厚度为1cm的吸收池中，在361nm波长处测得 $A=0.414$。另取两个试样，一为 V_{B12} 的原料药，精密称取20.0mg，加水准确稀释至1000mL，同样条件下测得 $A=0.390$；另一为 V_{B12} 的注射液，精密吸取1.00mL，稀释至10.00mL，同样条件下测得 $A=0.510$。试分别计算 V_{B12} 的原料药的质量分数和注射液的浓度。

四、操作练习

今有一样品溶液（浓度范围在100～200μg/mL），可能是苯甲酸、水杨酸、维生素C中的一种，请设计实验确定该样品是哪一种溶液，准确测定其含量，利用课余时间在仪器上完成相关操作与数据处理。

阅读材料

紫 外 线

紫外线（ultraviolet）是电磁波谱中对应波长为 10~400nm 辐射的总称，不能引起人们的视觉反应。它是频率比蓝紫光高的不可见光。1801 年，德国物理学家里特发现，在日光光谱的紫端外侧一段能够使含有溴化银的照相底片感光，从而发现了紫外线的存在。

紫外线是由原子的外层电子受到激发后产生的。自然界的主要紫外线光源是太阳，太阳光透过大气层时波长短于 290nm 的紫外线为大气层中的臭氧所吸收。人工的紫外线光源有多种气体的电弧，日光灯、各种荧光灯和农业上用来诱杀害虫的黑光灯都是用紫外线激发荧光物质发光的。紫外线还可以防伪；紫外线还有生理作用，能杀菌、消毒、治疗皮肤病和软骨病等。紫外线的粒子性较强，能使各种金属产生光电效应。

紫外线对人眼有强烈的刺激作用，因其波长短，频率高，能量高，在眼睛视网膜区域的穿透力强，长时间照射可以使视网膜发生黄斑性病变。紫外线还是导致"雪盲症"的罪魁祸首，雪盲症是指在强烈的阳光照射下，或者在雪地、高山等强烈反射阳光的地方，人的眼睛会感到刺痛、不舒服的现象，这是阳光中所包含的大量紫外线和蓝紫光造成的，所以在攀登雪山或极地探险时，往往需要戴护目镜来防止紫外线对眼睛的伤害。电子产品中往往也会有少量的紫外线和大量接近于紫外线频段的紫光和蓝光，长时间使用电子产品，这些高能紫外线和蓝紫光对人眼睛也会造成巨大且不可逆的伤害，进而产生视力下降，视线模糊、发黄、昏暗等现象，并且可能会造成黄斑性病变。所以连续使用电子产品的时间尽量不要超过 3h，过了 3h 后要休息一下眼睛，看看窗外或到户外走走，避免视疲劳。此外开启护眼模式（防蓝光模式）或夜间模式也能有效防止紫外线和蓝紫光对人眼睛的伤害。

> **素质拓展阅读**

探索化学真谛，探求"优雅的科学"

丁奎岭15岁考上大学，24岁博士毕业，29岁成为当时河南省最年轻的正教授，47岁当选中国科学院院士。他一路走来看似顺畅，但只有他自己和与他共事的同事知道，这背后所付出的超于常人的勤奋努力。他不仅在有机化学研究领域安心地做"优雅的科学"，而且也将老一辈化学家的探究精神及其个人魅力"承上启下"地感染身边的年轻人，使年轻同事摒弃浮躁，沉下心来搞研究，通过合成展现化学的创造力和分子世界的魅力。

通过收听本则故事，请同学们思考以下几个问题：
① 为什么丁奎岭的同行改变研究方向，但他却仍然坚持手性催化研究？
② 丁奎岭为什么坚信科学研究应优雅而有深度呢？

拓展学习任务

乙酸乙酯的合成与折射率的测定

乙酸乙酯又称醋酸乙酯，低毒性，有甜味，浓度较高时有刺激性气味，易挥发，是一种用途广泛的精细化工产品。具有优异的溶解性、快干性，用途广泛，是一种重要的有机化工原料。作为工业溶剂，可用于涂料、黏合剂、乙基纤维素、人造革、人造纤维等产品中。作为香料原料，可用于菠萝、香蕉、草莓等水果香精和威士忌、奶油等香料中。作为提取剂，可用于医药、有机酸等产品的生产。我们所说的陈酒很好喝，就是因为酒中具有少量果香味的乙酸乙酯。折射率是液体有机物的物性之一。每种纯净有机物在一定温度下都有其固定的折射率，所以我们可以通过折射率的测定来简单判断纯净物的种类，或者判断已知有机物是否是纯净物。因此通过折射率的测定可以初步判定合成的乙酸乙酯纯度是否符合企业要求。

任务描述

某企业研发部的研发人员需要对合成产物的现有生产工艺和各工艺经济技术进行分析和对比，优化条件，以最优的工具和方法进行不同样品的合成、检测，使用现代化学和物理化学方法进行定性和定量分析，并按照公司要求完成实验记录和项目报告。你作为企业研发人员，接到的任务是合成乙酸乙酯成品并测定其折射率。接到任务后应根据企业现有的仪器设备和操作规程，制订合理的实验方案并完成合成操作，观察实验现象、做好记录并对合成产物的产率和纯度做出判断。工作过程应该有条理、系统化，遵守卫生和清洁要求以及职业安全和健康标准。

任务目标

① 根据相关专业资料制订实验方案，并简述酯化反应的原理和酯的制备方法；

② 服从组长分工，相互配合，正确搭建合成装置并调试；
③ 根据实验方案用磨口玻璃仪器，以小组为单位完成乙酸乙酯的合成；
④ 按照实验程序对产品进行纯化；
⑤ 正确使用阿贝折射仪测定物质的折射率，会通过折射率测定检验产品纯度；
⑥ 对实验数据进行正确处理，按照行业规范撰写实验报告；
⑦ 讲述该任务在 HSE（健康、安全与环境）方面的注意事项。

  参考学时

20 学时

 **明确任务**

一、识读任务委托单

任务名称	乙酸乙酯的合成及折射率的测定
任务要求	1. HSE ① 请列出本实验中可能对个人及他人身体造成伤害的试剂及设备，并说明造成什么样的伤害。 ② 请列出本实验可能造成的对环境的污染并列出解决的方法。 2. 基本原理 乙酸乙酯的制备通常可加入过量的乙醇和适量的浓硫酸，并将反应中生成的乙酸乙酯及时蒸出。在实验时应注意控制好反应物的温度、滴加原料的速度和蒸出产品的速度，使反应能进行得比较完全。 主反应：浓硫酸催化下，乙酸和乙醇生成乙酸乙酯 $$CH_3COOH + CH_3CH_2OH \xrightarrow[110\sim120℃]{H_2SO_4} CH_3COOC_2H_5 + H_2O$$ 副反应： $$2CH_3CH_2OH \xrightarrow[140℃]{H_2SO_4} CH_3CH_2OCH_2CH_3 + H_2O$$ $$CH_3CH_2OH \xrightarrow[170℃]{H_2SO_4} CH_2\!=\!\!=\!CH_2 + H_2O$$ 反应温度过高，会促使副反应发生，生成乙醚等。反应完成后，没有反应完全的乙酸、乙醇及反应中产生的水分别用饱和碳酸钠、饱和氯化钙及无水硫酸镁（固体）除去。 3. 工作任务 ① 计算所需乙酸的质量； ② 合成乙酸乙酯产品； ③ 对乙酸乙酯产品进行提纯； ④ 计算乙酸乙酯的产率，并测定其折射率； ⑤ 完成一份实验报告。 4. 完成项目的总时间为 240min

二、列出任务要素

（1）任务名称 _____　　（2）合成的目标产物 _____

（3）完成时间 _____　　（4）测定的物理常数 _____

📚 小知识

（1）**有机合成**　是指利用化学方法将单质、简单的无机物或简单的有机物制成比较复杂的有机物的过程。由于自然条件的限制，天然有机化合物往往难以满足生产、生活的需要，人们需要通过化学方法来合成新的有机化合物。近几百年来，有机化学家已经设计和合成了数百万种有机化合物，极大地丰富了物质世界。

（2）**酯化反应**　酯化反应是一个典型的、酸催化的可逆反应。为了使反应平衡向右移动，可以用过量的醇或羧酸，也可以把反应中生成的酯或水及时地蒸出或是两者并用。

（3）**乙酸乙酯**　乙酸乙酯属于低级酯，有果香味，少量吸入对人体无害。但它易挥发，其蒸气对眼、鼻、咽喉有刺激作用，高浓度吸入有麻醉作用，会引起急性肺水肿，并损害肝、肾。持续大量吸入，可致呼吸麻痹。为了减少对实验者健康的危害，相关操作都应在通风橱中进行。

素质拓展阅读

博学之，审问之，慎思之，明辨之，笃行之
——［汉］《礼记·中庸》

原文："博学之，审问之，慎思之，明辨之，笃行之。有弗学，学之弗能，弗措也；有弗问，问之弗知，弗措也；有弗思，思之弗得，弗措也；有弗辨，辨之弗明，弗措也；有弗行，行之弗笃，弗措也。人一能之，己百之，人十能之，己千之。果能此道矣，虽愚必明，虽柔必强。"

释义：学习要广泛涉猎，有针对性地提问请教，学会周全地思考，形成清晰的判断力，用学习得来的知识和思想指导实践。

古人谈学习的五个方面，不管是学习书本知识也好，学习某种技能也好，都得经过反复训练才能完成。"有弗学"的意思是要么不学，学就要学会；如果学了还不会，"弗措也"，也就是说绝不放弃。这段话，不是对天才，而是对一般人说的，聪明人一下就学会，你就学一百下，聪明人十次能学会的，你就学一千次。只要有这种韧劲，开始哪怕迟钝一点，也会变得聪明；开始柔弱的人，也会变得强壮有力。

一、认识有机合成实验常用的仪器

有机化学实验室玻璃仪器可分为：普通玻璃仪器和标准磨口玻璃仪器。标准磨口玻璃仪器是具有标准化磨口或磨塞的玻璃仪器。仪器的每个部件在其口塞的上或下显著部位均有烤印的白色标志，表明规格。常用的有 10、12、14、16、19、24、29、34、40 等。有时标准磨口玻璃仪器有两个数字，如 10/30，10 表示磨口大端的直径为 10mm，30 表示磨口的高度为 30mm。常用合成仪器的名称及用途如表 6-1 所示。

表 6-1　常用合成仪器的名称及用途

仪器图示	仪器名称及主要用途
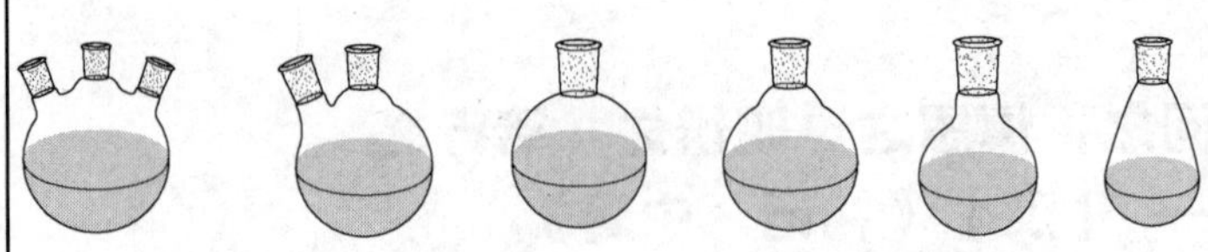	三口烧瓶、两口圆底烧瓶、单口圆底烧瓶：主要用来盛装液体。可进行加热、冷却、蒸馏、水蒸气蒸馏、回流等操作
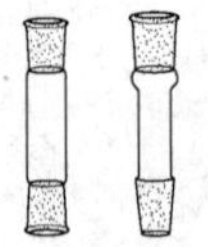	大小接头：可以将不同磨口编号的仪器连接在一起
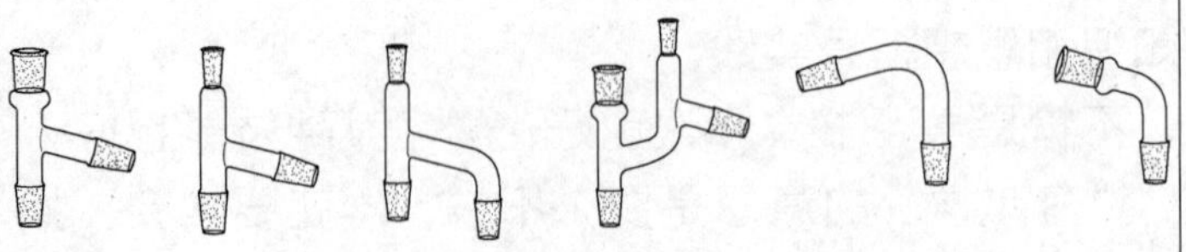	蒸馏头：连接烧瓶和冷凝管用于常压蒸馏和减压蒸馏
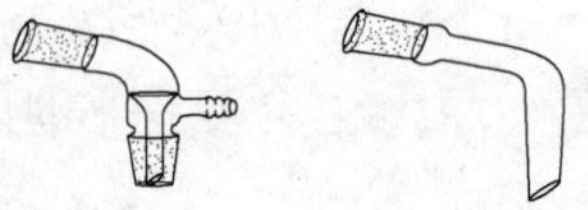	接液管：用于蒸馏、分馏、水蒸气蒸馏、减压蒸馏等操作

续表

仪器图示	仪器名称及主要用途
	分水器:用于将有机反应中生成的水不断地分离出去。安装在有机反应装置中
	Y形管:用作有机合成反应装置中的加料管。适宜于同时加入两种不同的物料。有时一个管口还可插入温度计以测量反应温度
	分液漏斗:用于分离密度不同的两相(或多相)液体混合物,应用在洗涤或萃取操作中
	滴液漏斗:用于滴加液体。注意仪器构造上与分液漏斗的差别及功能上的区别
	冷凝管:直形冷凝管、球形冷凝管、螺纹冷凝管、空气冷凝管均起冷凝作用

 想一想

（1）列出下列合成装置用到的玻璃仪器名称（按从左到右的顺序）

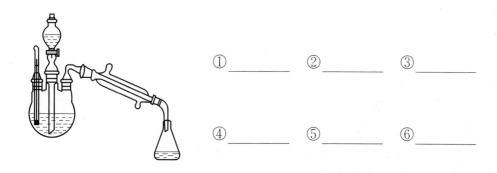

① _____ ② _____ ③ _____

④ _____ ⑤ _____ ⑥ _____

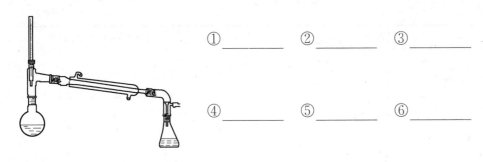

① _____   ② _____   ③ _____

④ _____   ⑤ _____   ⑥ _____

(2) 合成装置仪器的装配顺序

由____而____（上、下），由____向____（左、右）。

二、认识乙酸乙酯的合成方法

 看一看

1. 乙酸乙酯的制备和蒸馏

在三口烧瓶（或蒸馏瓶）中，加入 12mL 乙醇，在振摇与冷却下分批加入 12mL 浓 H_2SO_4，混匀后加入几粒沸石，按图 6-1 安装反应装置。温度计的水银球需浸入液面下，距瓶底约 0.5~1cm。在滴液漏斗中，放入 12mL 乙醇和 12mL 冰乙酸并混匀。加热前先通水，用电热套加热，电压由 80V 逐渐增至 110V，当温度升至约 120℃时，开始滴加乙醇和冰乙酸的混合液，并调节好滴加速度，使滴入与馏出乙酸乙酯的速度大致相等（控制滴加速度为 1 滴/s 即可），同时维持反应温度在 115~120℃。滴加约需 40~60min。滴加完毕，在 115~120℃继续加热 15min。最后可将温度升至 130℃，若不再有液体馏出，即可停止加热，如图 6-1 所示。

乙酸乙酯的制备和蒸馏

写一写

① 写出下列物质的分子式。

乙醇_____   乙酸_____

乙酸乙酯_____   浓硫酸_____

② 乙醇和乙酸合成乙酸乙酯时反应温度应控制在____℃。

③ 在本实验中硫酸起什么作用？

④ 本实验采用的反应瓶是_____，加热装置是_____。

⑤ 为什么使用过量的乙醇？实验过程中提高产率的方法有哪些？

⑥ 本实验乙酸、乙醇、浓硫酸的加入顺序是_____。

⑦ 加热过程中反应瓶内的溶液是否变黑，为什么？

⑧ 控制反应温度在115～120℃需要做到：_____
_____。

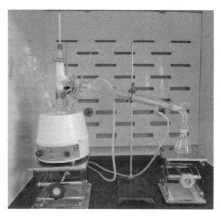

图 6-1　滴加蒸出装置

 看一看

2. 乙酸乙酯的提纯

① 中和。在粗乙酸乙酯中慢慢加入约 10 mL 饱和 Na_2CO_3 溶液（去酸），边搅拌边冷却，直至无二氧化碳逸出，并用pH试纸检验酯层呈中性。然后将此混合液移入分液漏斗中，充分振摇（注意放气），静置分层后，分出水层。

乙酸乙酯
的提纯

② 水洗。用 10mL 饱和食盐水溶液洗涤酯层（去碳酸钠），充分振摇，静置分层后，分出水层（注意将水分净）。

③ 洗去乙醇。用 20mL 饱和 $CaCl_2$ 溶液（去乙醇）分两次洗涤酯层，分出水层。

④ 干燥。酯层由漏斗上口倒入干燥的 50mL 锥形瓶中，并放入 2g 无水硫酸镁干燥，配上塞子，然后充分振摇至液体澄清透明，再放置约 30min。

写一写

① 本实验中多次用到"洗涤"操作，请问饱和碳酸钠溶液、饱和食盐水溶液、饱和氯化钙溶液分别除去的是原蒸馏液中的什么成分？

饱和碳酸钠溶液：_____
饱和食盐水溶液：_____
饱和氯化钙溶液：_____

② 饱和碳酸钠溶液洗涤分液时保留_____层；饱和食盐水溶液洗涤分液时保留_____层；饱和氯化钙溶液洗涤分液时保留_____层。

看一看

3. 乙酸乙酯的精制

安装一套蒸馏装置（仪器必须干燥）。将干燥后的粗酯通过漏斗（口上铺一薄层棉花）滤入蒸馏瓶中，加入几粒沸石，加热进行蒸馏。收集73~78℃馏分，如图6-2所示。

乙酸乙酯的精制

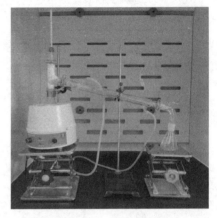
图6-2 蒸馏装置

写一写

① 在回流、蒸馏操作开始时，为什么冷却水从冷凝器下端夹套管进而从上端流出？

② 蒸馏时为什么加入沸石能防止暴沸？如果加热后才发觉未加入沸石应该怎样处理？

③ 该蒸馏装置回流时是否要补加沸石，为什么？

④ 如何测定精制后乙酸乙酯的纯度？

三、认识有机物纯度测定的方法

 看一看

乙酸乙酯纯度的测定可以采用气相色谱内标法、归一化法及NMR（核磁共振）内标法，也可以通过测定所合成的乙酸乙酯折射率与文献值对照进行判断，以确定有机化合物的纯度。该任务通过测定物质的折射率判断物质的纯度。

光线从一种介质进入另一种介质时光的传播方向会发生改变，这种现象称为光的折射。引起光的折射的原因是光在不同介质中的传播速度不同。光在空气中的传播速度与它在液体中的传播速度之比叫作该液体的折射率。折射率随入射光的波长λ、测定时的温度t、物质的结构等因素而变化。因此表示物质的折射率时必须标明所用光线的波长和测定温度，当λ和t一定时，折射率是一个常数。例如，在入射光为钠的黄光（波长为589.3nm），测定温度为20℃时，水的折射率为1.3330，表示为$n_D^{20}=1.3330$。这里n代表折射率，20代表测定时的温度，D代表钠光。

折射率随温度的升高而降低，每变化1℃，折射率大约改变0.00045。通过下面的公式计算得到校正到20℃的折射率：

$$n_D^{20}=n_D^t+0.00045(t-20)$$

? 想一想

已知$n_D^t=1.3667$，$t=25.2$℃，计算n_D^{20}。

四、认识阿贝折射仪的外部结构和操作步骤

 看一看

阿贝折射仪是能测定透明、半透明液体或固体的折射率和平均色散的仪器（其中以测透明液体为主），由光学系统和机械结构两部分组成，被广泛用于石油工业、油脂工业、制药工业、日用化学工业、制糖工业等领域中。实验室常用的WAY-2W阿贝折射仪如图6-3所示。

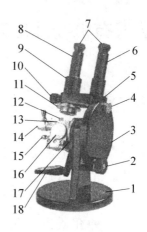

图 6-3　WAY-2W 阿贝折射仪

1—底座，立柱；2—棱镜转动手轮；3—圆盘组（内有刻度板）；4—小反光镜；5—支架；6—读数镜筒；7—目镜；8—望远镜筒；9—示值调节螺钉；10—阿米西棱镜手轮；11—色散值刻度圈；12—棱镜锁紧扳手；13—棱镜组；14—温度计座；15—恒温器接头；16—保护罩；17—主轴；18—反光镜

写一写

查阅 WAY-2W 阿贝折射仪操作说明书，补充完善阿贝折射仪测定折射率的操作步骤。

阿贝折射仪操作

（1）校正　在开始测定前，必须先用蒸馏水或用标准试样校对读数。如用标准试样则对折射棱镜抛光面加_____滴溴代萘。再贴上标准试样的抛光面，当读数视场指示_____值时，观察望远镜内明暗分界线是否在十字线中间，若有偏差则用螺丝刀微量旋转。

（2）加样　打开棱镜，用擦镜纸（必要时用丝绢蘸少量乙醇或丙酮）轻轻擦洗上下镜面，要求_____（单向、双向）擦。待溶剂挥发后，滴 1～2 滴待测液体于磨砂棱镜面上，小心地关闭棱镜，使液体铺满整个镜面。

（3）对光　调节反光镜使入射光达到最强，目镜内视场明亮，轻轻转动_____，直到在望远镜内观察到明暗分界线或彩色光带。

（4）消色　转动_____（消色散）至看到一个黑白明晰的分界线。

（5）精调　转动_____使分界线对准十字交叉线的中心。

（6）读数　从镜筒读出折射率，并记下测定时的温度，重复 2～3 次。读数视场如图 6-4 所示。

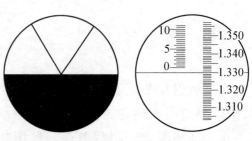

图 6-4　读数视场

（7）清洗　测好样品后，用擦镜纸轻轻擦去上下镜面上的液体，再用乙醇或丙酮润湿的擦镜纸单向擦上下镜面，待棱镜干后，旋紧锁钮。

> **素质拓展阅读**
>
> ### 黄鸣龙的报国情怀
>
> 我们学习有机化学时会发现，很多反应都是以西方人的名字命名的。而"黄鸣龙还原法"是数千个有机化学人名反应中唯一一个以中国人命名的反应，该反应已写入多国有机化学教科书中。
>
> 黄鸣龙三次出国，三次回国，这又是什么原因呢？1919年，从学校毕业的黄鸣龙出国深造。在德国获得博士学位后黄鸣龙满怀抱负回国效力。但当时社会动荡官员腐败，深感无奈的他不得不再赴欧洲。1940年，应中央研究院之邀，黄鸣龙再次回国工作，但抗战期间的实验环境让他不得不第三次漂洋过海。1949年，新中国诞生，黄鸣龙激动万分，报效祖国之心再次强烈跳动。他冲破美国政府的重重阻挠，借道去欧洲讲学摆脱跟踪，辗转回国。并且在黄鸣龙的鼓励下，更多的医学家、化学家先后回国。他的儿子、女儿完成学业以后也相继归国，投入祖国建设中。正因为有许许多多像黄鸣龙一样热爱祖国的科学家，他们排除万难，归国报效国家，才有了新中国的飞速发展。作为祖国未来化工行业的高技能人才，我们应向黄鸣龙学习，能学有所成，用知识和技能报效祖国。

制订与审核计划

一、制订实验计划

依据所获取的信息，结合学校的实验条件，以小组为单位，讨论、制订乙酸乙酯的合成及折射率测定的实验方案。

(1) 根据小组用量,填写试剂准备单

序号	名称	级别	数量	配制方法
备注				

(2) 根据个人需要,填写仪器清单(包括合成和折射率测定)

序号	仪器名称	规格	数量	序号	仪器名称	规格	数量

(3) 列出主要合成步骤,合理分配时间

序号	主要步骤	所需时间	操作注意事项

二、审核实验计划

(1) 各小组展示实验计划（海报法或照片法），并做简单介绍
(2) 小组之间互相点评，记录其他小组对本小组的评价意见
(3) 结合教师点评，修改完善本组实验计划

评价小组	计划制订情况(优点和不足)	小组互评分	教师点评
	平均分：		

注：1. 小组互评可从计划的完整性、合理性、条理性、整洁程度等方面进行评价；
2. 对其他小组的实验计划进行排名，按名次分别计 10、9、8、7、6 分。

小知识

(1) 合成装置的装配原则

① 在有机合成实验中，应首先确定反应装置中反应烧瓶的容积。根据实验操作步骤规定的反应投料量，计算出反应物总量的体积，一般使反应物的总体积是烧瓶容积的 1/3～2/3 为宜。

② 选择合适的玻璃仪器标准磨口号数，一般教学用的是 14 号或 19 号磨口仪器。所选用的玻璃仪器与配件都要求干燥、洁净。为了防止磨口粘连，可在磨口靠大端的部位涂敷一层薄薄的润滑脂（凡士林、真空活塞脂或硅脂）。

③ 合成装置仪器的装配顺序是：由下而上，由左向右。

④ 反应装置仪器安装的要求是"上下一条线，左右在同面"。在垂直方向装配各物件的重心在同一轴线上，与桌面保持垂直状态，不能出现重心偏移的倾斜状态。从侧面看，各装配件的轴线应在与桌面相垂直的同一平面内，不能出现偏离平面的扭曲状态。

⑤ 整个反应装置是用铁夹固定在铁架台上的。用铁夹固定玻璃仪器时，应当使仪器处于无扭转力的适宜位置，然后进行固定。切忌将玻璃仪器夹紧过度而损坏仪器，也不要夹得过松，使玻璃仪器晃动或脱落，影响实验的进程。

⑥ 在常压下进行反应或蒸馏等操作的仪器，安装后，要仔细检查是否与大气相通。整个装置不能处于密闭状态，否则一旦加热升温时，密闭容器因压力过高，会使玻璃仪器炸裂。

⑦ 反应结束，首先关闭加热电源开关，然后按相反的顺序拆卸仪器装置。因为加热会使蒸馏管有一定温度，先停冷凝水可能会使蒸馏管爆炸，不安全。

（2）有机化学反应的加热方法　有机反应不能用火焰直接加热，最常用的是隔着石棉网加热，否则仪器容易受热不均匀而破裂。但是在减压蒸馏或回流低沸点易燃物等操作中不能适用，最好用适当的热浴加热。

① 水浴：适用于加热温度不超过 100℃ 的反应。如果加热温度在 90℃ 以下，可浸在水中加热。如果加热温度在 90~100℃ 时，可用沸水浴或蒸汽浴加热。

② 油浴：加热温度在 100~250℃ 时，可用油浴。油浴的优点是可通过控温仪使温度控制在一定范围内，容器内的反应物料受热均匀。容器内的反应温度一般要比油浴温度低 20℃ 左右。常用的油类有液体石蜡、植物油、硬化油、硅油和真空泵油，后两者在 250℃ 以上时仍较稳定。

③ 砂浴：当加热温度必须达到数百摄氏度以上时，往往使用砂浴。将清洁而又干净的细砂平铺在铁盘上，反应容器埋在砂中，在铁盘下加热，反应液体就间接受热。

④ 熔盐浴：当反应温度在几百摄氏度以上时，也可采用熔盐浴加热。熔盐在 700℃ 以下是稳定的，但使用时必须小心，防止溅到皮肤上造成严重的烧伤。

⑤ 电热套：电热套加热已成为实验室常用的加热装置。尤其在加热和蒸馏易燃有机物时，由于它不是明火，因此具有不易引起着火的优点，热效率也高。加热温度可通过调压器控制，最高温度可达 400℃ 左右。

（3）沸石的作用　沸石就是未上釉的瓷片敲碎而成的小粒。它上面有很多毛细孔，当液体加热时，能产生细小的气泡，成为沸腾中心。这样可以防止液体加热时产生过热现象，防止暴沸，使沸腾保持平稳。

一般加热回流、蒸馏、分馏、水蒸气发生器产生水蒸气都需要加沸石。但减压蒸馏、水蒸气蒸馏、电动搅拌反应不需要加沸石。

在一次持续蒸馏时，沸石一直有效；一旦中途停止沸腾或蒸馏，原有沸石即失效，再次加热蒸馏时，应补加新沸石。如果事先忘了加沸石，决不能在液体加热到沸腾时补加。因为这样会引起剧烈暴沸，使液体冲出瓶外，还容易发生着火事故。故应该在冷却一段时间后再补加。

> **素质拓展阅读**

合理竞争齐进步

　　有竞争才会有动力，在学习和生活中适当地渲染竞争的气氛，主张学生挑战自我、挑战老师、挑战别组，在竞争下会收到意想不到的效果。蒙牛集团创始人牛根生出身贫寒，因为他业绩突出、技艺娴熟，最终做到了伊利集团生产经营副总裁的位置。但是好景不长，伊利集团的总裁担心牛根生功高震主，于是便想法逼迫牛根生辞职。辞职之后的牛根生决定自己创业，创办了蒙牛集团。当时的乳制品市场伊利集团一家独大，蒙牛一个新成立的公司该如何与这个庞然大物抗衡呢？蒙牛集团打出"向伊利集团学习，为民族争光，争做内蒙古第二乳业公司"的广告语，一下子就有了知名度，为后来蒙牛集团的发展奠定基础。牛根生的这一举措告诉我们，在面临组间竞争时，不要把竞争对手当成自己的仇敌，在必要的时候竞争对手也是一种资源。通过竞争，不仅能帮助我们意识到自身的不足，还能通过学习竞争对手身上的优点，取长补短，促使我们取得成功。

实施计划

一、组内分工，准备仪器及配制溶液

序号	任务内容	负责人
1	领取电热套、阿贝折射仪等，检查仪器完好情况	
2	领取实验所用的圆底烧瓶、三口烧瓶、球形冷凝管、直形冷凝管、分液漏斗等玻璃仪器	
3	领取实验所需的化学试剂	
4	配制饱和碳酸钠溶液	
5	配制饱和食盐水溶液	
6	配制饱和氯化钙溶液	

二、合成数据记录及数据处理

（1）根据实验方案完成乙酸乙酯的合成，并记录实验数据

序号	时间	步骤	现象
1		在____mL 三口烧瓶中加入____mL 乙醇置于冷水浴中，分次加入____mL 浓硫酸，冷却至室温，加入两粒沸石，接好冷凝水	
2		按反应装置接好仪器，控制反应温度在 115～120℃，滴加____mL 乙醇和____mL 乙酸的混合物，____min 滴加完毕	
3		滴加完毕后，在 115～120℃继续加热 15min。最后将温度升至 130℃，若不再有液体馏出，即可停止加热	
4		在粗乙酸乙酯中慢慢加入____mL 饱和 Na_2CO_3 溶液至 pH 试纸检验酯层呈中性。然后将此混合液移入分液漏斗中，充分振摇（注意放气），静置分层后，分出____层	
5		用____mL 饱和食盐水洗涤，分出____层	
6		用____mL 饱和 $CaCl_2$ 溶液分两次洗涤酯层，分出____层	
7		干燥剂：____，干燥时间____min	
8		将有机层转入____mL 干燥的圆底烧瓶中，蒸馏收集馏分，温度为____℃	
9		蒸馏前接收瓶质量：____g。蒸馏后接收瓶质量：____g	

（2）数据处理

① 根据反应原理计算合成产物理论质量

② 通过称量计算合成产物实际质量

③ 计算产品产率

三、测定合成产物的折射率，填写相关记录

样品名称		样品编号	
n_D^{20} 标准值		检验日期	
测定温度		检验设备及编号	
测定次数	1	2	3
n_D^t			
n_D^{20}			
n_D^{20} 平均值			

四、结束工作

（1）玻璃仪器 _____
（2）阿贝折射仪 _____
（3）三废处理 _____
（4）其他 _____

📚 **小知识**

液-液萃取

液-液萃取是利用同一种物质在两种互不相溶的溶剂中具有不同溶解度的性质，将其从一种溶剂转移到另一种溶剂，从而实现分离或提纯的一种方法。操作方法如下：

萃取操作

① 将分液漏斗置于固定在铁架台上的铁圈中，将待萃取混合液

（体积为 V）和萃取剂（体积约为 V/3）倒入分液漏斗，盖好上口塞。

② 用右手握住分液漏斗上端，并以右手食指末节按住上口塞；左手握住分液漏斗下端的活塞部位，小心振荡（图 6-5），振荡过程中，要不时将漏斗尾部向上倾斜（但不要对准人）并打开活塞，以排出因振荡而产生的气体。

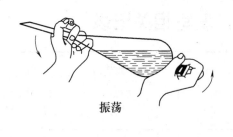
振荡

分液

图 6-5 分液漏斗的使用

注意事项

① 实验开始前，圆底烧瓶、冷凝管应是干燥的，另外，注意装置接口的严密性，避免漏气。

② 加入浓硫酸时，一定要缓慢加入，并边加边振荡。防止浓硫酸局部浓度过高，使乙醇发生炭化。

③ 回流时注意控制加热速度，以能回流为标准，并且温度不宜太高，否则会增加副产物的量。

④ 在进行分液操作的过程中，当分液漏斗中上下两层液体的界面下降到接近阀门时，应关闭阀门，稍加摇动并静置片刻，此时下层液体体积会略有增加，再仔细放出下层液体。

⑤ 在馏出液中除了酯和水外，还含有未反应的少量乙醇和乙酸，还有副产物乙醚，故加饱和碳酸钠溶液以主要除去其中的酸。多余的碳酸钠在后续的洗涤过程可被除去。

⑥ 饱和食盐水主要洗涤粗产品中的少量碳酸钠，还可洗除一部分水。此外，由于饱和食盐水的盐析作用，可大大降低乙酸乙酯在洗涤时的损失。

⑦ 饱和氯化钙溶液洗涤时，氯化钙与乙醇形成配合物而溶于饱和氯化钙溶液中，由此除去粗产品中所含的乙醇。

⑧ 阿贝折射仪使用前，必须用重蒸馏水（$n_D^{20}=1.3330$）或溴代萘校正。

素质拓展阅读

严守规程　安全操作

有机合成工作存在着一定的危险性，每天都要接触高温设备，以及易燃易爆的有机物质和具有强腐蚀性的强酸药品，如果操作不当后果不堪设想，所以我们要提高安全意识。

李某在准备处理一瓶四氢呋喃时，没有仔细核对，误将一瓶硝基甲烷当作四氢呋喃加到氢氧化钠中。约过了一分钟，试剂瓶中冒出了白烟。李某立即将通风橱玻璃门拉下，此时瓶口的烟变成黑色泡沫状液体。之后李某叫来同事请教解决方法时，爆炸就发生了，玻璃碎片将二人的手臂割伤。

该事故提醒我们，要严格遵守安全操作规程，切莫粗心大意，否则后悔莫及！实验操作过程中的每一个步骤都必须仔细，不能有半点马虎；实验台要保持整洁，不用的试剂瓶要摆放到试剂架上，避免试剂打翻或误用造成事故；要遵守化验室各项规章制度和技术法规，按照有关的质量标准和检验操作规程及时准确地完成检验任务，服从领导工作安排，保证安全生产。

检查与改进

一、分析实验完成情况

1. 自查操作是否符合规范要求

　　（1）按从下到上、从左到右的顺序安装装置；　　　　□是　　□否
　　（2）合成设备组装正确，美观；　　　　　　　　　　□是　　□否
　　（3）起始物料的量加入正确；　　　　　　　　　　　□是　　□否
　　（4）检查装置气密性；　　　　　　　　　　　　　　□是　　□否
　　（5）添加试剂的顺序与方法相对应；　　　　　　　　□是　　□否
　　（6）使用磁力搅拌或沸石；　　　　　　　　　　　　□是　　□否

(7) 回流该蒸馏装置时补加沸石； □是 □否
(8) 合成时先通冷凝水后加热； □是 □否
(9) 停止加热时，先关闭加热电源，稍冷却，再关闭冷凝水；
 □是 □否
(10) 蒸馏时温度计位置正确； □是 □否
(11) 粗产品洗涤符合程序要求； □是 □否
(12) 分液漏斗使用前试漏； □是 □否
(13) 在铁圈或在铁夹上分液，而不是拿在手中分液； □是 □否
(14) 分液漏斗振荡，排气时尖嘴不朝向他人； □是 □否
(15) 漏斗脚与锥形瓶间的距离是否合适； □是 □否
(16) 干燥用的具塞瓶是否干燥； □是 □否
(17) 干燥剂的用量及干燥时间是否正确； □是 □否
(18) 阿贝折射仪使用前是否校正； □是 □否
(19) 阿贝折射仪读数时读数是否正确； □是 □否
(20) 测试完毕及时清洗阿贝折射仪镜面。 □是 □否

2. **互查实验数据记录和处理是否规范正确**

　　(1) 实验数据记录　□无涂改　□规范修改（杠改）　□不规范涂改
　　(2) 产率计算　　　□正确　　□不正确
　　(3) 折射率计算　　□正确　　□不正确

3. **自查和互查 7S 管理执行情况及工作效率**

	自评		互评	
(1) 按要求穿戴工作服和防护用品；	□是	□否	□是	□否
(2) 实验中，桌面仪器摆放整齐；	□是	□否	□是	□否
(3) 安全使用化学药品，无浪费；	□是	□否	□是	□否
(4) 废液、废纸按要求处理；	□是	□否	□是	□否
(5) 未打坏玻璃仪器；	□是	□否	□是	□否
(6) 未发生安全事故（灼伤、烫伤、割伤）等；	□是	□否	□是	□否
(7) 实验后，清洗仪器、整理桌面；	□是	□否	□是	□否
(8) 在规定时间内完成实验，用时____min。	□是	□否	□是	□否

4. **教师汇总并点评全班实验结果**

　　① 本人合成乙酸乙酯的产率_____，测定的折射率 n_D^{20} _____。

② 全班合成乙酸乙酯的产率平均值_____，本人测定结果_____（偏高、偏低），相差_____。

③ 乙酸乙酯标准样的折射率 n_D^{20} _____，本人测定结果_____（偏高、偏低），相差_____。

二、针对存在问题进行练习

练一练

合成装置的搭建、分液漏斗的使用、阿贝折射仪的使用等。

三、撰写检验报告

撰写电子版检验报告，需包含实验方案、产品合成及制备过程数据、产品的产率计算、产品的纯度测定及结论、实验室组织与管理等要素，同时说明该任务中有哪些必需的健康和安全措施，以及操作过程中是否需要采取环保措施。

素质拓展阅读

严谨细致，敬业奉献

在吉林大学化学系，孙家钟是一个令师生们景仰的名字。他是我国著名的理论化学家，他的一生不但为祖国培养了大批优秀的化学人才，还在科研领域取得了令人瞩目的成就。

在学习和科研工作中，秉持着作为一名科研者、教师的敬业精神，他对助手、青年教师和研究生要求严格，一丝不苟。每当研究工作进入关键时刻，他都和助手、研究生在工作室里共同战斗，经常通宵达旦，有时甚至连续工作达36h，废寝忘食地进行讨论分析，结合试验结果不断地检查和改进，直到搞清楚才肯罢休。

他对青年教师、研究生写出的论文稿，在基本概念的准确表达、文字叙述的严密性以至标点符号等方面都精心推敲、仔细检查，让作者反复改进直到满意才同意发表。正是这种对待教育和科研一丝不苟、敬业的工匠精神，孙家钟院士为我国的化学理论研究做出了卓越的贡献，同时也影响并培养了一代又一代优秀的化学研究人才。

活动六　评价与反馈

一、个人任务完成情况综合评价

自评

	评价项目及标准	配分	扣分	总得分
学习态度	1. 按时上、下课，无迟到、早退或旷课现象	40		
	2. 遵守课堂纪律，无趴台睡觉、看课外书、玩手机、闲聊等现象			
	3. 学习主动，能自觉完成老师布置的预习任务			
	4. 认真听讲，不思想走神或发呆			
	5. 积极参与小组讨论，发表自己的意见			
	6. 主动代表小组发言或展示操作			
	7. 发言时声音响亮、表达清楚，展示操作较规范			
	8. 听从组长分工，认真完成分派的任务			
	9. 按时、独立完成课后作业			
	10. 及时填写工作页，书写认真、不潦草			
	每一项4分，完全能做到的得4分，基本能做到的得3分，有时能做到的得2分，偶尔能做到的得1分，完全做不到的得0分			
操作规范	见活动五 1. 自查操作是否符合规范要求	40		
	一个否定选项扣2分			
文明素养	见活动五 3. 自查7S管理执行情况	15		
	一个否定选项扣2分			
工作效率	不能在规定时间内完成实验扣5分	5		

互评

评价主体		评价项目及标准	配分	扣分	总得分
小组长	学习态度	1. 按时上、下课,无迟到、早退或旷课现象 2. 学习主动,能自觉完成预习任务和课后作业 3. 积极参与小组讨论,主动发言或展示操作 4. 听从组长分工,认真完成分派的任务 5. 工作页填写认真、无缺项 每一项 4 分,完全能做到的得 4 分,基本能做到的得 3 分,有时能做到的得 2 分,偶尔能做到的得 1 分,完全做不到的得 0 分	20		
	数据处理	见活动五 2. 互查实验数据记录和处理是否规范正确 一个否定选项扣 2 分	10		
	文明素养	见活动五 3. 互查 7S 管理执行情况 一个否定选项扣 2 分	10		
其他小组	计划制订	见活动三 二、审核实验计划(按小组计分)	10		
	团队精神	1. 组内成员团结,学习气氛好 2. 互助学习效果明显 3. 小组任务完成质量好、效率高 按小组排名计分,第一至五名分别计 10、9、8、7、6 分	10		
教师	计划制订	见活动三 二、审核实验计划(按小组计分)	10		
	实验完成情况	1. 未出现重大违规操作或损坏仪器	5		
		2. 工作场所状况良好	5		
		3. 合成的乙酸乙酯产率达到全班平均值	5		
		4. 合成乙酸乙酯的折射率在符合要求的范围内	5		
	检验报告	按要求撰写检验报告,要素齐全,条理清楚,HSE 描述符合实际,结果分析合理	10		

二、小组任务完成情况汇报

① 以小组为单位,组员对自己完成任务的情况进行小结发言,最满意的是什么?最大的不足是什么?改进措施有哪些?

② 结合小组组员的发言,各组组长针对本组任务完成情况在班级进行汇报。对本组的工作最满意的是什么?存在的主要问题和改进措施有哪些?

> **素质拓展阅读**

自律的人生最无敌

评价反馈意义重大，但活动能否顺利完成并达到预期效果，必须依靠每一个同学自律完成所有环节工作，这样才能使得这项活动发挥它的作用。纵观古今，那些能够作出杰出成就的人，并非个个天赋异禀，他们在才华之上，更相信自律的力量。

企业家王健林，大连万达集团股份有限公司董事长，2016胡润全球富豪榜全球华人首富，同年入选《时代》周刊公布的2016年度"全球最具影响力人物"。王健林是一个非常自律的人，他每天6点之前起床，每天一个小时跑步健身，早上7点半准时迈进办公室。有人在网上晒过王健林的一天，可以清楚地看到他的生活是很规律的。良好的生活习惯让王健林六十岁的年龄拥有二十岁人的精力，建造并管理那么庞大的商业帝国。

我们从杰出的人身上看到，自律让一个人通过征服自我，去征服世界。自律让一个人通过意志力不断地修正自我瑕疵，在日积月累的坚持中逐渐变得强大而有竞争力。而自律也同样给普通人提供逆袭的机会，你应该深有体会：一个早起运动读书的周末，虽然让你痛苦挣扎，但在一天结束时想起，内心是充实的；而一个躺在床上刷手机的周末，虽然当下是快乐的，但睡前想起，内心却是空虚的。唯有把自律变成一种习惯，把坚持变成一种态度，人生才会在自我完善的过程中变得更好。

拓展专业知识

? 想一想

物理常数是有机化合物的重要特性，有机物常用的物理常数有哪些？为什么要测定这些物理常数？

 相关知识

为了提高实验质量，实验前学生要了解实验中所用试剂的物理常数。例如了解各物质的密度，分液时可以迅速判断所需保留的是上层液体还是下层液体；了解已知产物的沸点，蒸馏时既可以较好地控制温度，又可以判断馏分是否为最终产物。任何纯净物的物理性质，如密度、熔点、沸点、闪点、黏度、折射率等在一定条件下都是常数。上述常数除了与环境条件（温度、压力等）有关外，还与物质的纯度有关。

一、密度

密度是指在规定温度（t℃）下单位体积所含物质的质量，以 ρ_t 表示，单位为 g/cm^3（g/mL）。物质的密度随温度的变化而变化，通常所说的密度一般为 20℃时的密度，在其他温度时，必须表明温度。杂质的存在影响物质的密度。物质密度常用的测定方法有密度瓶法和韦氏天平法。

二、熔点

每种纯物质都有固定的熔点。熔点是指在 101.325kPa 下，由固体变为液体时的温度。化工生产中常用熔点来鉴定和评价产品质量的优劣。熔点的测定方法有毛细管法和显微熔点测定法等。

物质的熔点是由其本身的性质决定的，分子间的作用力越大，其熔点越高。影响熔点测定的因素主要是物质的纯度、大气压力和测定方法及操作技术。

三、沸点

当液体物质加热到某一温度时，蒸气分压等于大气压，液体表面和液体内部都开始汽化，这时液体就沸腾了。液体沸腾的温度就是沸点。物质的沸点是由物质的分子结构决定的，是物质的物理化学常数之一。每种纯物质都有其固定的沸点，通过沸点的测定能判断物质的纯度。纯度越高，沸点越接近理论值。物质的纯度越高，在沸点温度下蒸馏出液体的体积就越多。纯物质有固定的沸点，但有固定沸点的物质不一定是纯物质。

物质的纯度影响沸点，杂质的含量越高，对沸点的影响也越大。例如溶解有无机盐的水比纯水的沸点高。如果一个样品既含有低沸点杂质，又含有高沸点杂质，则沸距就会拉大。沸距越小的样品纯度越高。

四、闪点

在规定条件下加热润滑油，当油蒸气与空气混合的气体同火接触时，发生闪火现象的最低温度称闪点。闪点越低的物质，其燃烧的危险性就越大；闪点越高的物质，就不容易燃烧，安全性就越大。闪点可以被看作防火安全指标。各种液体是易燃还是可燃，就是根据其闪点高低判断的。

闪点是安全使用、运输的重要指标，使用贮运温度一般低于闪点 20～30℃。油品着火危险性等级是根据闪点来划分的。闪点在 45℃ 以下的为易燃品。一般汽油类产品（包括溶剂油）闪点都在 0℃ 以下，属绝对易燃易爆品。飞机、汽车加注汽油和喷气燃料时，要在离加油点 20m 处熄火。输油管线要接地，严防静电火花引爆，操作人员不许穿钉子鞋，要穿防静电工作服，不许用铁锤敲打管线，使用的扳手应是铝合金和铜的以免产生火花。世界每年都会因为静电引起石油系统火灾，而其中 80% 发生爆炸。

五、黏度

黏度是流体黏滞性的一种量度，是流体流动力对其内部摩擦现象的一种表示。黏度大表示内摩擦力大，分子量越大，碳氢结合越多，这种力量也越大。

黏度对各种润滑油的质量鉴别和确定用途，及各种燃料用油的燃烧性能及用度等有决定意义。在同样馏出温度下，以烷烃为主要组分的石油产品黏度低，而黏温性较好，即黏度指数较高，也就是黏度随温度变化而改变的幅度较小。含胶质和芳烃较多油品黏度最高，黏温性最差，即黏度指数最低。黏度常用运动黏度表示，单位 mm^2/s。重质燃料油黏度大，经预热使运动黏度达到 18～20mm^2/s(40℃)，有利于喷油嘴均匀喷油。

六、折射率

光从一种介质进入另一种介质时，传播方向会发生偏离，这种现象即是折射。折射能力的大小用折射率表示。折射率与光的波长及介质的温度有关。温度升高折射率相应减小。每种纯物质都有固定的折射率，两种折射率不同的物质混合后，其折射率具有加和性。

——————— 练习题

一、单项选择题

1. 在乙酸乙酯的制备实验中，浓硫酸起的主要作用是（　　）。
   A. 脱水剂　　B. 催化剂和脱水剂　　C. 稀释蒸馏出来的液体　　D. 催化剂

2. 在浓硫酸存在条件下用乙醇和冰醋酸合成的乙酸乙酯的形状是（　　）。
   A. 无色无味的固体　　　　　　B. 果香味的无色液体
   C. 无色无味的液体　　　　　　D. 果香味的无色固体

3. 乙酸乙酯制备实验过程中，用饱和氯化钙溶液洗涤粗产物，可除去（　　）。
   A. 过量乙醇及少量乙醚　　　　B. 水
   C. 硫酸　　　　　　　　　　　D. 乙酸

4. 蒸馏过程中，如果发现没有加入沸石，应该（　　）。
   A. 立刻加入沸石　　　　　　　B. 停止加热稍冷却后加入沸石
   C. 停止加热冷却后加入沸石　　D. 以上都不对

5. 蒸馏操作中，应控制馏出液体的速度为（　　）。
   A. 3～4 滴/s　　B. 9～10 滴/s　　C. 1～2 滴/s　　D. 5～6 滴/s

6. 普通蒸馏操作中，不正确的步骤是（　　）。
   A. 液体沸腾后，加入沸石，以防止暴沸
   B. 蒸馏沸点高于 140℃ 物质时，换用空气冷凝管
   C. 蒸馏装置应紧密连接
   D. 不能将烧瓶中的液体蒸干

7. 蒸馏装置的正确拆卸顺序是（　　）。
   A. 先取下接收瓶，然后拆接引管、冷凝管、蒸馏瓶
   B. 先取下接引管，然后拆接收瓶、冷凝管、蒸馏瓶
   C. 先取下蒸馏瓶，然后拆接引管、冷凝管、接收瓶
   D. 先取下冷凝管，然后拆接引管、接收瓶、蒸馏瓶

8. 有机实验室经常选用合适的无机盐类干燥剂干燥液体粗产物，干燥剂的用量直接影响干燥效果。在实际操作过程中，正确的操作是（　　）。
   A. 按照水在该液体中的溶解度计算加入干燥剂的量
   B. 仅加少许干燥剂以防产物被吸附
   C. 在干燥液体中先加入少量干燥剂，振摇后放置数分钟，观察干燥剂棱角或状态变化，决定是否需要补加
   D. 尽量多加些，以充分干燥

9. 用分液漏斗进行萃取分离时，使用前需（　　）。
   A. 检测萃取物质是否溶于水　　B. 检漏
   C. 检测萃取物质的密度　　　　D. 检测分液漏斗的型号

10. 下列不是有机化合物常见的物理常数的是（　　）。
A. 折射率　　　B. 熔点　　　　　C. 密度　　　　　　　D. 压力

二、判断题

1. 对有刺激性或者产生有毒气体的实验，应尽量安排在通风橱或有排风系统的环境中进行，或采用气体吸收装置。（　）
2. 用蒸馏法测沸点时，烧瓶内装被测化合物的多少会影响测定结果。（　）
3. 进行化合物的蒸馏时，可以用温度计测定纯化合物的沸点，温度计的位置不会对测定的化合物产生影响。（　）
4. 为了保证蒸馏效果，应该加满蒸馏瓶。（　）
5. 制备乙酸乙酯时，在加热之前一定将反应物混合均匀，否则易发生炭化。（　）
6. 没有加沸石，易引起暴沸。（　）
7. 在加热过程中，如果忘了加沸石，可以直接从瓶口加入。（　）
8. 精制乙酸乙酯的最后一步蒸馏中，所用仪器均需干燥。（　）
9. 在进行蒸馏操作时，液体样品的体积通常为蒸馏烧瓶体积的 1/3～2/3。（　）
10. 在蒸馏实验中，为了提高效率，可把样品蒸干。（　）

三、计算题

已知 23℃时测定合成的溴乙烷折射率为 1.4221，将其换算成 20℃时的折射率 n_D^{20}。

　　　　　　　　阅读材料

有机化学与生活

有机化学的各项研究成果已经广泛应用于人们的衣、食、住、行等领域，并且，在天然有机化合物的基础上，人们通过科学手段，已经可以实现有机化合物的人工合成，使其具有新的特性，扩展了有机化合物的应用领域。

一、有机化学在食品领域的应用

早在古代，人们就已经意识到使用食品添加剂改变食品口感、营养价值的重要意义，甚至可以提取新的物质，丰富了食品种类。其中，比较具有代表性的就是曾经登上过《舌尖上的中国》的毛豆腐，它是在自然环境下豆腐与空气中的细菌发生有机化学反应，生成人体容易吸收的氨基酸。

随着有机化学研究的发展，人们已经可以通过播种霉菌的方式对有机化学反应进行控制，除提高其营养价值以外，还能够改变食品的口味。并且，利用对食品中微生物繁殖的条件因素的控制，可以延长食品保鲜时间，防止食品变质。

二、有机化学在生态环境领域的应用

人类社会的发展，在一定程度上对周边生态环境造成了破坏，如废弃塑料污染、水污染、土壤污染等。对此，则需要利用有机化学相关知识加以应对。例如，在水污染防治方面，可以通过化学反应对有机污染物进行分离，主要使用的方法有中和、混凝、氧化还原、萃取、吹脱、吸附、离子交换等。然而，这里需要注意的是，采取化学反应的方法治理环境污染问题，应注意化学反应前后物质的变化情况，避免新的有害物质生成。不仅如此，还需要明确与之相适应的化学反应环境的构建，确保有机化学反应能够更加充分彻底，如果使用不当，将对人们的身体健康造成更加严重的伤害。

三、有机化学在医学药物研究领域的应用

我国在现代医学领域的研究起步较晚，但是，凭借科研人员的努力，我国已经掌握了有机化学在医学药物研究中的应用技巧，并能够通过自主创新研制新的药物。其中，比较具有代表性的就是1965年科研人员首次成功人工合成胰岛素，这也是新中国成立之后，中国现代医学研究领域的重大突破，为有机化学在医学领域的应用奠定了坚实的基础。我国医学药物研究领域的成果不胜枚举，著名医学研究人员屠呦呦就是凭借青蒿素荣获了2015年诺贝尔生理学或医学奖，这也是我国医务工作者所获得的最高荣誉。青蒿素是一种具有明显抗疟疾作用的有机物，经过医学研究人员对其基团的进一步改造，产生了包括二氢青蒿素、蒿甲醚等不同类型的衍生物，这一技术性的改进，提高了传统青蒿素的环境稳定性。

除此之外，有机非金属材料的研究促进了我国航空、航天技术的发展。由于大大降低了航空、航天器的自重，航天器的运输载重增加。并且，改变有机非金属材料的物理结构，能够提高其强度、韧性、耐高温等特点，确保航空、航天器的安全。

素质拓展阅读

强国使命　青年担当

空间站是人类迄今为止建造的规模最大的航天器,能够满足航天员长期在轨工作、生活。其独特的空间环境,能够开展生物学、材料科学、基础物理、微重力、流体等相关领域的科学研究,从而推动科技的进步和相关产业的发展。

在平昌冬奥会闭幕式上,中国作为2022年冬奥会东道主进行的8min表演中,"中国空间站"首次亮相,成为全球关注的焦点。2022年北京冬奥会举办之时,也正是中国空间站建成之时。而中国空间站的研制团队的平均年龄只有35岁。

通过收听本则故事,请同学们思考以下几个问题:

① 为什么中国必须制造属于自己的空间站?

② 为什么中国空间站副总设计师朱光辰会说,建造中国自己的空间站,摆在面前的只有一条路,就是靠我们自己的努力去奋斗,去创新?

③ 为什么空间站研制团队的平均年龄只有35岁,却能完成如此艰巨的任务?

附 录

附录一　常见元素的原子量

原子序数	元素名称	元素符号	原子量
1	hydrogen 氢	H	1.0
2	helium 氦	He	4.0
3	lithium 锂	Li	6.9
4	beryllium 铍	Be	9.01
5	boron 硼	B	10.8
6	carbon 碳	C	12.0
7	nitrogen 氮	N	14.0
8	oxygen 氧	O	15.9
9	fluorine 氟	F	19.0
10	neon 氖	Ne	20.2
11	sodium 钠	Na	23.0
12	magnesium 镁	Mg	24.3
13	aluminium (aluminum) 铝	Al	27.0
14	silicon 硅	Si	28.1
15	phosphorus 磷	P	31.0
16	sulfur 硫	S	32.1
17	chlorine 氯	Cl	35.4
18	argon 氩	Ar	39.9
19	potassium 钾	K	39.1
20	calcium 钙	Ca	40.1
21	scandium 钪	Sc	45.0
22	titanium 钛	Ti	47.9
23	vanadium 钒	V	51.0

续表

原子序数	元素名称	元素符号	原子量
24	chromium 铬	Cr	52.0
25	manganese 锰	Mn	55.0
26	iron 铁	Fe	55.8
27	cobalt 钴	Co	58.9
28	nickel 镍	Ni	58.7
29	copper 铜	Cu	63.5
30	zinc 锌	Zn	65.4
31	gallium 镓	Ga	69.7
32	germanium 锗	Ge	72.6
33	arsenic 砷	As	74.9
34	selenium 硒	Se	79.0
35	bromine 溴	Br	79.9
36	krypton 氪	Kr	83.8
37	rubidium 铷	Rb	85.5
38	strontium 锶	Sr	87.6
39	yttrium 钇	Y	88.9
40	zirconium 锆	Zr	91.2
41	niobium 铌	Nb	92.9
42	molybdenum 钼	Mo	96.0
47	silver 银	Ag	107.9
48	cadmium 镉	Cd	112.4
49	indium 铟	In	114.8
50	tin 锡	Sn	118.7
51	antimony 锑	Sb	121.8
52	tellurium 碲	Te	127.6
53	iodine 碘	I	126.9
54	xenon 氙	Xe	131.3
55	caesium (Cesium) 铯	Cs	132.9
56	barium 钡	Ba	137.3

附录二 常见化合物的分子量

化合物	分子量	化合物	分子量
AgBr	187.77	$CdCO_3$	172.42
AgCl	143.32	$CdCl_2$	183.82
AgCN	133.89	CdS	144.47
AgSCN	165.95	$Ce(SO_4)_2$	332.24
$AlCl_3$	133.34	$CoCl_2$	129.84
Ag_2CrO_4	331.73	$Co(NO_3)_2$	182.94
AgI	234.77	CoS	90.99
$AgNO_3$	169.87	$CoSO_4$	154.99
$AlCl_3 \cdot 6H_2O$	241.43	$CO(NH_2)_2$	60.06
$Al(NO_3)_3$	213.00	$CrCl_3$	158.36
$Al(NO_3)_3 \cdot 9H_2O$	375.13	$Cr(NO_3)_3$	238.01
Al_2O_3	101.96	CuCl	99.00
$Al(OH)_3$	78.00	$CuCl_2$	134.45
$Al_2(SO_4)_3$	342.14	$CuCl_2 \cdot 2H_2O$	170.48
$Al_2(SO_4)_3 \cdot 18H_2O$	666.41	CuSCN	121.62
As_2O_3	197.84	CuI	190.45
As_2O_5	229.84	$Cu(NO_3)_2$	187.56
As_2S_3	246.03	$Cu(NO_3)_2 \cdot 3H_2O$	241.60
$BaCO_3$	197.34	CuO	79.54
BaC_2O_4	225.35	Cu_2O	143.09
$BaCl_2$	208.24	CuS	95.61
$BaCl_2 \cdot 2H_2O$	244.27	$CuSO_4$	159.06
$BaCrO_4$	253.32	$CuSO_4 \cdot 5H_2O$	249.68
BaO	153.33	$FeCl_2$	126.75
$Ba(OH)_2$	171.34	$FeCl_2 \cdot 4H_2O$	198.81
$BaSO_4$	233.39	$FeCl_3$	162.21
$BiCl_3$	315.34	$FeCl_3 \cdot 6H_2O$	270.30
BiOCl	260.43	$Fe(NO_3)_3$	241.86
CO_2	44.01	$Fe(NO_3)_3 \cdot 9H_2O$	404.00
CaO	56.08	FeO	71.85
$CaCO_3$	100.09	Fe_2O_3	159.69
CaC_2O_4	128.10	Fe_3O_4	231.54
$CaCl_2$	110.99	$Fe(OH)_3$	106.87
$CaCl_2 \cdot 6H_2O$	219.08	FeS	87.91
$Ca(NO_3)_2 \cdot 4H_2O$	236.15	Fe_2S_3	207.87
$Ca(OH)_2$	74.09	$FeSO_4$	151.91
$Ca_3(PO_4)_2$	310.18	$FeSO_4 \cdot 7H_2O$	278.01
$CaSO_4$	136.14	$Fe(NH_4)_2(SO_4)_2 \cdot 6H_2O$	392.13

续表

化合物	分子量	化合物	分子量
H_3AsO_3	125.94	K_2CO_3	138.21
H_3AsO_4	141.94	K_2CrO_4	194.19
H_3BO_3	61.83	$K_2Cr_2O_7$	294.18
HBr	80.91	$K_3Fe(CN)_6$	329.25
HCN	27.03	$K_4Fe(CN)_6$	368.35
$HCOOH$	46.03	$KFe(SO_4)_2 \cdot 12H_2O$	503.24
CH_3COOH	60.05	$KHC_4H_4O_6$	188.18
H_2CO_3	62.02	$KHC_8H_4O_4$	204.22
$H_2C_2O_4$	90.04	$KHSO_4$	136.16
$H_2C_2O_4 \cdot 2H_2O$	126.07	KI	166.00
$H_2C_4H_4O_6$	150.09	KIO_3	214.00
HCl	36.46	$KMnO_4$	158.03
HF	20.01	KNO_3	101.10
HIO_3	175.91	KNO_2	85.10
HNO_2	47.01	K_2O	94.20
HNO_3	63.01	KOH	56.11
H_2O	18.015	K_2SO_4	174.25
H_2O_2	34.02	$MgCO_3$	84.31
H_3PO_4	98.00	$MgCl_2$	95.21
H_2S	34.08	$MgCl_2 \cdot 6H_2O$	203.30
H_2SO_3	82.07	MgC_2O_4	112.33
H_2SO_4	98.07	MgO	40.30
$Hg(CN)_2$	252.63	$Mg(OH)_2$	58.32
$HgCl_2$	271.50	$Mg_2P_2O_7$	222.55
Hg_2Cl_2	472.09	$MgSO_4 \cdot 7H_2O$	246.47
HgI_2	454.40	$MnCO_3$	114.95
$Hg_2(NO_3)_2$	525.19	$MnCl_2 \cdot 4H_2O$	197.91
$Hg(NO_3)_2$	324.60	MnO	70.94
HgO	216.59	MnO_2	86.94
HgS	232.65	MnS	87.00
$HgSO_4$	296.65	$MnSO_4$	151.00
Hg_2SO_4	497.24	$MnSO_4 \cdot 4H_2O$	223.06
$KAl(SO_4)_2 \cdot 12H_2O$	474.38	NO	30.01
KBr	119.00	NO_2	46.01
$KBrO_3$	167.00	NH_3	17.03
KCl	74.55	CH_3COONH_4	77.08
$KClO_3$	122.55	$NH_2OH \cdot HCl$	69.49
$KClO_4$	138.55	（盐酸羟氨）	
KCN	65.12	NH_4Cl	53.49
$KSCN$	97.18	$(NH_4)_2CO_3$	96.09

续表

化合物	分子量	化合物	分子量
$(NH_4)_2C_2O_4$	124.10	Na_2SO_4	142.04
$(NH_4)_2C_2O_4 \cdot H_2O$	142.11	$Na_2S_2O_3$	158.10
NH_4SCN	76.12	$Na_2S_2O_3 \cdot 5H_2O$	248.17
NH_4HCO_3	79.06	P_2O_5	141.95
$(NH_4)_2MoO_4$	196.01	$PbCO_3$	267.21
NH_4NO_3	80.04	PbC_2O_4	295.22
$(NH_4)_2HPO_4$	132.06	$PbCl_2$	278.10
$(NH_4)_2S$	68.14	$PbCrO_4$	323.19
$(NH_4)_2SO_4$	132.13	$Pb(CH_3COO)_2$	325.29
Na_3AsO_3	191.89	PbI_2	461.01
$Na_2B_4O_7$	201.22	$Pb(NO_3)_2$	331.21
$Na_2B_4O_7 \cdot 10H_2O$	381.37	PbO	223.20
$NaCN$	49.01	PbO_2	239.20
$NaSCN$	81.07	PbS	239.30
Na_2CO_3	105.99	$PbSO_4$	303.30
$Na_2CO_3 \cdot 10H_2O$	286.14	SO_3	80.06
$Na_2C_2O_4$	134.00	SO_2	64.06
CH_3COONa	82.03	$SbCl_3$	228.11
$CH_3COONa \cdot 3H_2O$	136.08	Sb_2O_3	291.50
$NaCl$	58.44	SiF_4	104.08
$NaClO$	74.44	SiO_2	60.08
$NaHCO_3$	84.01	$SnCl_2$	189.60
$Na_2HPO_4 \cdot 12H_2O$	358.14	$SnCl_2 \cdot 2H_2O$	225.63
$Na_2H_2C_{10}H_{12}O_8N_2$	336.21	$SnCl_4$	260.50
(EDTA 二钠盐)		$SrCO_3$	147.63
$NaNO_2$	69.00	SrC_2O_4	175.64
$NaNO_3$	85.00	$ZnCO_3$	125.39
Na_2O	61.98	$UO_2(CH_3COO)_2 \cdot 2H_2O$	424.15
Na_2O_2	77.98	$ZnCl_2$	136.29
$NaOH$	40.00	$Zn(NO_3)_2$	189.39
Na_3PO_4	163.94	ZnO	81.38
Na_2S	78.04	ZnS	97.44
Na_2SO_3	126.04	$ZnSO_4$	161.54

附录三 2020年全国职业院校技能大赛改革试点赛样题（中职组）

——工业分析检验赛项：分光光度法测定未知铁试样溶液的浓度

考核方案

1. 称取适量高纯铁粉于烧杯中，加入适量浓盐酸，缓慢加热溶解完全，冷却后定量转入容量瓶中，配制成适合铁标准曲线的标准溶液。铁的摩尔质量为55.85g/mol。

2. 配制成适合于分光光度法对未知铁试样中铁含量测定的工作曲线使用的铁标准溶液，控制pH≈2。

3. 标准系列溶液配制：用吸量管移取 0.00mL、1.00mL、2.00mL、4.00mL、6.00mL、8.00mL、10.00mL 不同体积的工作曲线使用的铁标准溶液于7个100mL容量瓶中，加2mL抗坏血酸溶液，摇匀后加20mL缓冲溶液和10mL 1,10-菲咯啉溶液，用水稀释至刻度，摇匀，放置不少于15min。以不加铁标准溶液的一份为参比，在510nm波长处进行吸光度测定。以浓度为横坐标，以相应的吸光度为纵坐标绘制标准工作曲线。

4. 未知铁试样溶液中铁含量的测定。

移取适量铁未知样，按照工作曲线制作时相同的测定方法，在510nm波长处进行吸光度测定。平行测定3次。由测得吸光度从标准工作曲线查出待测溶液中铁的浓度，根据未知铁试样溶液的稀释倍数，求出未知铁试样溶液中铁含量。

5. 未知铁试样溶液中铁含量按下式计算：

$$\rho = \rho_x n$$

式中 ρ——未知铁试样溶液中铁的浓度，$\mu g/mL$；

ρ_x——从标准工作曲线查得的待测溶液中铁的浓度，$\mu g/mL$；

n——未知铁试样溶液的稀释倍数。

实践操作报告单

一、健康、安全、环保措施（写完该内容后才能往下操作）

二、实验过程数据记录

1. 标准溶液的配制

铁标准称量物质量：_____　　容量瓶体积：_____

铁标准储备液浓度：_____ µg/mL

2. 铁标准使用溶液的配制

稀释次数	吸取体积/mL	稀释后体积/mL	稀释倍数
1			
2			

工作曲线使用的铁标准溶液浓度：_____ µg/mL（五位有效数字）

3. 工作曲线的绘制

测量波长：_____ nm　　吸收池：_____ cm

溶液编号	吸取标液体积/mL	$\rho/(\mu g/mL)$	A
1			
2			
3			
4			
5			
6			
7			

4. 未知铁试样溶液的配制

稀释次数	吸取体积/mL	稀释后体积/mL	稀释倍数
1			
2			
3			

5. 未知铁试样溶液含量的测定

项目	平行测定次数		
	1	2	3
吸光度 A			
查得的浓度/(µg/mL)			
未知铁试样溶液浓度/(µg/mL)			
平均浓度/(µg/mL)			

6. 数据处理计算过程
（1）铁标准溶液浓度

（2）未知液浓度

三、结果评价和问题分析

附录四 第 46 届世界技能大赛全国选拔赛样题

——化学实验室技术赛项

模块一： 电位滴定法测定未知样中的亚铁含量

健康、安全和环境： 请描述哪些 HSE（健康、安全、环境）措施是必要的？请说明是否需要采取环境保护措施。

方法原理： 用 $K_2Cr_2O_7$ 滴定 Fe^{2+}，其反应式如下：

$$Cr_2O_7^{2-} + 6Fe^{2+} + 14H^+ \longrightarrow 2Cr^{3+} + 6Fe^{3+} + 7H_2O$$

利用铂电极作指示电极，饱和甘汞电极作参比电极，与被测溶液组成工作电池。在滴定过程中，随着滴定剂的加入，铂电极的电极电位发生变化。在化学计量点附近铂电极的电极电位产生突跃，从而确定滴定终点。

主要任务： 1. 校准酸度计和电极

　　　　　　2. 配制 $K_2Cr_2O_7$ 标准滴定溶液

　　　　　　3. 测定样品中亚铁盐的含量

　　　　　　4. 制作报告

完成工作的总时间： 3h

设备、试剂和溶液：

设备	仪器	试剂
可调节速度的电磁搅拌器 酸度计，ORP 复合电极（或铂电极、饱和甘汞电极） 滴定台 移液管架	量筒,各种规格 滴定管,50mL 容量瓶,100mL、250mL 单标移液管,10mL、20mL、25mL 烧杯,各种规格 玻璃棒,3 根 洗瓶、一次性滴管、洗耳球	重铬酸钾,基准试剂 Fe^{2+}/Fe^{3+} 标准溶液,220mV 硫酸-磷酸混合酸,1+1 邻苯氨基苯甲酸指示液,2g/L 未知样,六水硫酸亚铁铵 25～50g/L 蒸馏水或去离子水

实验准备：

1. 根据试题要求制订实验方案

2. 调试酸度计及复合电极

根据仪器说明书，组装酸度计。用电压值为 220mV 的缓冲溶液调试仪器及检查电极，所得值与标称值的差应在±0.6mV 个单位范围内。

3. 配制 0.1000mol/L 重铬酸钾标准滴定溶液

准确称取 1.225g 基准 $K_2Cr_2O_7$，溶解完全后稀释定容至 250mL 容量瓶中。配制 3 份。

样品的测定：

1. 准确移取 20.00mL 未知样于 250mL 烧杯中，加 10mL 硫酸-磷酸混合酸，加水至 50mL，再加入一滴邻苯氨基苯甲酸指示剂。将 ORP 复合电极（或铂电极、饱和甘汞电极）插入溶液中，放入转子，开动搅拌器，待电位稳定后，记录溶液的起始电位，然后用 $K_2Cr_2O_7$ 标准溶液滴定，每加入一定体积的溶液，记录溶液的电位 E（以 mV 表示）。到达滴定终点后，继续滴定至少 5.00mL。用三份重铬酸钾标准滴定溶液分别滴定三份样品。

2. 关闭仪器和搅拌电源开关，清洗滴定管、电极、烧杯并放回原处。

3. 根据记录数据，使用 Excel 绘制并打印 $\Delta^2 E/\Delta V^2$（Y 轴）与滴定剂 V（X 轴）的图。用二阶微商插入法进行测定结果计算，确定化学计量点（即 Vep）。

4. 计算样品中铁盐的含量（以 Fe^{2+} 计，单位 g/L），保留四位有效数字。测定结果的重复性用相对标准偏差表示，保留至小数点后两位。

报告：

按照行业规范撰写工作报告，并列出相关的计算公式和计算过程，以电子稿方式呈现并打印上交。

模块二：分光光度法测定未知样中的 Co^{2+} 和 Cr^{3+} 含量

健康、安全和环境： 请描述哪些 HSE（健康、安全、环境）措施是必要的？请说明是否需要采取环境保护措施。

方法原理： 分光光度法是基于物质对光的选择性吸收的原理进行工作的。当混合样品中 Co^{2+} 和 Cr^{3+} 的吸收光谱互相重叠但又服从吸收定律时，可根据吸光度的加和性，在 Co^{2+} 和 Cr^{3+} 最大吸收波长 λ_1 和 λ_2 处分别测定混合样品的吸光度，列出如下方程组，即可计算 Co^{2+} 和 Cr^{3+} 的含量。

$$\begin{cases} A_{\lambda_1} = \varepsilon_{\lambda_1}^A bc_A + \varepsilon_{\lambda_1}^B bc_B \\ A_{\lambda_2} = \varepsilon_{\lambda_2}^A bc_A + \varepsilon_{\lambda_2}^B bc_B \end{cases}$$

主要任务：

1. 检查调试分光光度计
2. 比色皿的配套性检查
3. 配制钴和铬标准使用溶液
4. 绘制钴和铬标准曲线

5. 确定样品中钴离子和铬离子的含量

6. 制作报告

完成工作的总时间： 3h

设备、试剂和溶液：

设备	仪器	试剂
分析天平，精度为0.1mg 紫外-可见分光光度计 比色皿 其他实验辅助设备	各种规格的容量瓶 各种规格的刻度吸量管 各种规格的移液管 各种规格的烧杯 玻璃棒、滴管、洗瓶、洗耳球、移液管架	重铬酸钾 $Co(NO_3)_2 \cdot 6H_2O$ $Cr(NO_3)_3 \cdot 9H_2O$ 未知样，Co^{2+} 20~30g/L Cr^{3+} 5~15g/L 蒸馏水或去离子水

实验准备：

1. 根据试题要求制订实验方案

2. 配制 30μg/mL 重铬酸钾溶液、100mL 30.00mg/mL Co^{2+} 标准溶液和 100mL 30.00mg/mL Cr^{3+} 标准溶液

3. 比色皿配套性试验

两个比色皿分别装重铬酸钾溶液，于 540nm 处检查比色皿的配套性。

样品的测定：

1. 系列标准溶液的配制

（1）分别移取适量的 Co^{2+} 标准溶液于 6 个 100mL 容量瓶中，加蒸馏水稀释至刻度，摇匀。（含空白共 7 个点）

（2）分别移取适量的 Cr^{3+} 标准溶液于 6 个 100mL 容量瓶中，加蒸馏水稀释至刻度，摇匀。（含空白共 7 个点）

2. 绘制吸收光谱曲线

以蒸馏水为参比，在 500~650nm 范围分别测定 Co^{2+} 和 Cr^{3+} 的吸收光谱曲线，确定 Co^{2+} 和 Cr^{3+} 的最大吸收波长 λ_1 和 λ_2。

3. 绘制工作曲线

以蒸馏水为参比，在波长 λ_1 和 λ_2 处分别测定 Co^{2+} 和 Cr^{3+} 标准系列的吸光度，绘制 Co^{2+} 和 Cr^{3+} 分别在 λ_1 和 λ_2 时的工作曲线，求出 Co^{2+} 和 Cr^{3+} 在 λ_1 和 λ_2 处的吸光系数。

4. 未知样的测定

分别取适量的未知样于两个 100mL 容量瓶中，用蒸馏水稀释至刻度，摇匀。在波长 λ_1 和 λ_2 处分别测定其吸光度 A_{λ_1} 和 A_{λ_2}。

5. 计算

打印光谱扫描曲线、标准曲线和样品测定吸光度。分别计算未知样中

Co^{2+}、Cr^{3+} 的含量（单位 g/L），保留四位有效数字。测定结果的重复性用相对极差表示，保留至小数点后两位。

报告：

按照行业规范撰写工作报告，并列出相关的计算公式和计算过程，以电子稿方式呈现并打印上交。

模块三：溴乙烷合成

健康、安全和环境： 请描述哪些 HSE（健康、安全、环境）措施是必要的？请说明是否需要采取环境保护措施。

方法原理： 饱和卤代烃的合成方法是基于当与卤化氢反应时伯醇羟基与卤素的取代反应。化学方程式：

$$H_3C-OH \xrightarrow[H_2O]{H_2SO_4, KBr} H_3C-Br$$

物理常数：

分子式	摩尔质量 /(g/mol)	密度(20℃) /(g/cm³)	沸点 /℃	折射率 (n_D^{20})	溶解度 /(g/100g)
C$_2$H$_5$OH	46.07	0.7893	78.4	1.361	无限
C$_2$H$_5$Br	108.98	1.456	38.4	1.4242	0.9
H$_2$SO$_4$	98.08	1.8394	338	—	无限
KBr	119.01	2.75	1380	—	39
H$_2$O	18.02	0.997	100	—	无限

主要任务：

1. 计算溴化钾所需的质量，以产生 10g 溴乙烷（理论产量 60%）
2. 按照程序进行溴乙烷的合成
3. 计算溴乙烷的产率（以%表示）
4. 确定溴乙烷的 n_D^{20}
5. 制作报告

完成工作的总时间： 3.5h

设备、试剂和溶液：

设备	仪器	试剂
带加热或加热板的磁力搅拌器 玻璃加热块 水浴和沙浴 实验室烧瓶夹子 天平，精度 1.0mg	不同规格量筒 容量为 100mL 和 250mL 的圆底烧瓶 蒸馏头；利比格冷凝器；接收器 转移器；不同规格的锥形瓶 100 mL 烧杯；不同规格的漏斗 分液漏斗；温度计；玻璃珠子；塞子 瓷研钵；刮板	硫酸,98.3%（质量分数） 溴化钾 亚硫酸氢钠 乙醇,95%（质量分数） 冰 蒸馏水或去离子水

合成：

将 20mL 乙醇和 15mL 冷水放入圆底烧瓶中。在连续搅拌和冷却的情况下小心添加过量 1.6 倍的硫酸。混合物冷却至室温，添加计算量的溴化钾粉末，加入沸石，组装的蒸馏装置在大气压力下进行蒸馏。接收器中加 5mL 饱和亚硫酸钠溶液和冰水，并置于冰浴中。反应过程中，将产物蒸馏并收集在接收器中。加热反应混合物，使蒸馏速度以 1~2 滴/s 为宜，直到反应液变清亮，无油滴滴出为止，停止加热。在反应混合物沸腾过强的情况下，减少热量或停止加热一段时间。当反应完成后，将接收器中的液体倒入分液漏斗中。静置分层后，将下层的粗溴乙烷放入干燥的小锥形瓶中。将锥形瓶浸于冷水浴中冷却，逐滴往瓶中加入浓硫酸，同时振荡，直到溴乙烷变得澄清透明，而且瓶底有液层分出。分液，将干燥的粗产物放入蒸馏瓶中，接收器浸在冰水浴中，在常压下蒸馏，收集 36~41℃ 的馏分。

对产品进行称量，并计算溴乙烷的产率（按 100% 纯度计算，以 % 表示）。

将产品分装两份于样品瓶中，一份备份，一份测定折射率。测量应一式三份进行，计算平均折射率，并换算为 20℃ 时的折射率，计算公式为

$$n_D^{20} = n_D^t + 4 \times 10^{-4}(t-20)$$

要求测得的折射率在 1.4242±0.0014 之间。

报告：

按照行业规范撰写工作报告，并列出相关的计算公式和计算过程，以电子稿方式呈现并打印上交。

参 考 文 献

[1] 黄一石. 仪器分析. 2版. 北京：化学工业出版社，2009.
[2] 陈兴利，赵美丽. 仪器分析技术. 北京：化学工业出版社，2016.
[3] 沈磊，季剑波. 化学实验室技术. 北京：化学工业出版社，2020.
[4] 王炳强，谢茹胜. 化学实验室技术培训教材. 北京：化学工业出版社，2020.